Parragon Books Ltd
Chartist House
15–17 Trim Street
Bath BA1 1HA, UK
www.parragon.com

Realisation der deutschen Ausgabe:
trans texas publishing services GmbH, Köln
Übersetzung: Monika Niehaus, Düsseldorf; Franz Leipold, Violau
Lektorat: Ralf Burau, Mönchengladbach

ISBN 978-1-4723-5081-7
Printed in China

ENTDECKE DIE WELT DER URZEIT!

DINOSAURIER

Parragon

Bath • New York • Cologne • Melbourne • Delhi
Hong Kong • Shenzhen • Singapore • Amsterdam

INHALT

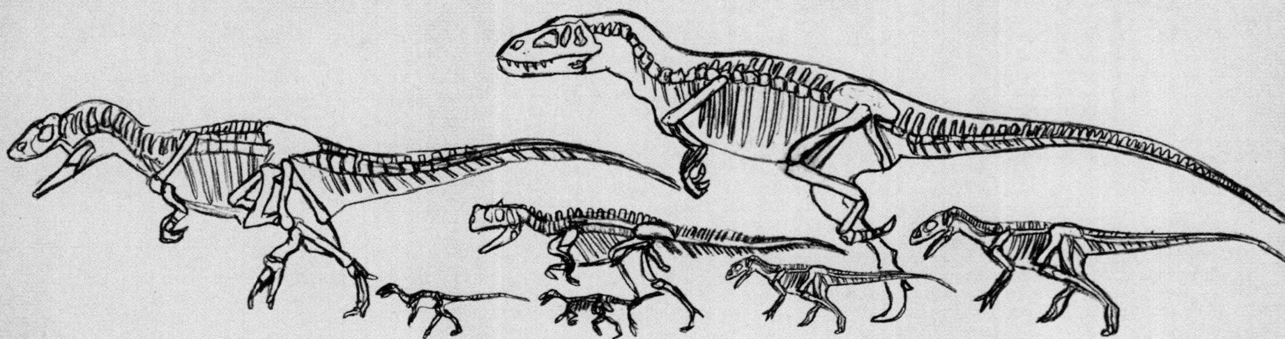

Einleitung

Seitdem vor fast 200 Jahren die ersten Dinosaurierknochen ausgegraben wurden, sind die Menschen fasziniert von diesen ausgestorbenen Geschöpfen. Der Name „Dinosaurier" stammt aus dem Griechischen; er setzt sich aus zwei Begriffen zusammen und bedeutet „schreckliche Echse". Zum ersten Mal wurde diese Bezeichnung 1842 von dem britischen Paläontologen Richard Owen gebraucht. Paläontologen untersuchen Fossilien und andere Belege für das Leben in der Urzeit, um mehr über die Geschichte unseres Planeten zu erfahren. Jedes Fossil liefert ihnen einen Anhaltspunkt, und aus all diesen Hinweisen können sie das Leben in prähistorischen Zeiten rekonstruieren.

Unser Planet bildete sich vor rund 4600 Millionen Jahren. Die ersten Lebewesen traten etwa 1200 Millionen Jahre später auf. Im Lauf der Zeit entwickelten sich aus einzelligen Organismen vielzellige Lebensformen, und mit der Zeit drangen sie aus den Meeren und Flüssen aufs Festland vor.

Die Dinosaurier besiedelten die Erde während eines Zeitalters, das man als Erdmittelalter oder Mesozoikum bezeichnet. Zunächst lebten sie auf dem Superkontinent Pangaea, damals die einzige Landmasse des Planeten. Langsam nahm ihre Zahl zu, und sie entwickelten zahlreiche verschiedene Formen, bis sie schließlich, gemessen an der Population, die häufigste höhere tierische Lebensform an Land wurden. Riesige Pflanzenfresser (Herbivoren) wie *Diplodocus* streiften übers Land, Seite an Seite mit mächtigen räuberischen Dinosauriern wie *Giganotosaurus*. Gegen Ende des Mesozoikums, vor 65 Millionen Jahren, waren jedoch sämtliche Dinosaurier von der Erde verschwunden. Wissenschaftler diskutieren noch immer darüber, was dieses Massenaussterben ausgelöst haben könnte.

Lange Zeit nahmen viele Paläontologen an, Dinosaurier seien langsame, sich träge bewegende Riesen gewesen, und ihr Verhalten habe demjenigen einiger unserer heutigen Reptilien geähnelt. Neuere Untersuchungen sprechen jedoch dafür, dass viele Dinosaurier schnelle, aktive Geschöpfe waren, die wahrscheinlich in Gruppen lebten und auf Nahrungssuche weite Strecken zurücklegten. Darüber hinaus haben Hautabdrücke von Dinosauriern gezeigt, dass einige von ihnen Federn besaßen, was ein wichtiger Schlüsselhinweis dafür war, dass die Dinosaurier evolutionär mit den Vögeln in Verbindung stehen.

Die Erforschung der Dinosaurier fasziniert Experten und Laien gleichermaßen. Immer wenn es Fortschritte auf diesem Gebiet der Paläontologie gibt, werden neue Fragen aufgeworfen, die einer Antwort harren, und es gibt stets Neues zu entdecken!

VOR DEN DINOSAURIERN

Das Leben auf dem Planeten Erde begann im Meer. Dort tauchten Lebewesen in großer Zahl und verblüffender Formenvielfalt auf. Als sich diese Lebensformen weiterentwickelten, begannen manche, auch das Land zu erobern.

Beginn des Lebens

Wissenschaftler teilen die Erdgeschichte in Zeitalter ein, um Ereignisse zeitlich einzuordnen, die im Lauf der Erdgeschichte passiert sind, um das Leben auf der Erde besser zu verstehen.

PRÄKAMBRIUM

Das Präkambrium dauerte mehr als 4000 Millionen Jahre. Sein Beginn kennzeichnet den Zeitpunkt, als sich aus flüssigem Gestein eine feste Erdkruste zu bilden begann. Dann, vor rund 2100 Millionen Jahren, erhöhte sich der Anteil des Sauerstoffs in der Atmosphäre.

ERDALTERTUM (PALÄOZOIKUM)

Das Paläozoikum begann mit einer rasanten Entwicklung des Lebens in den Meeren. Es endete jedoch auch mit dem größten Artensterben der Erdgeschichte. Während dieses Zeitalters entwickelten sich auf dem Land Amphibien, Reptilien und Insekten.

***MAWSONITES*-FOSSIL**
Ein Fossil einer der ältesten Lebensformen.

COLENIA
Ein Bakterienfossil.

PFLANZENFOSSIL
Eine typische Pflanze aus dem Silur.

PTERASPIS
Ein Fisch ohne Kiefer.

ACANTHOSTEGA
Eine Amphibie aus dem Devon.

4600 Mio. Jahre
Eisen und Silikat aus dem Erdkern.

2100 Mio. Jahre
Auseinanderbrechen des Kontinents Laurentia.

300 Mio. Jahre
Der Superkontinent Pangaea bildet sich.

ARCHÄOZOIKUM	PROTEROZOIKUM
4600 – 542 Mio. Jahre	

KAMBRIUM	ORDOVIZIUM	SILUR	DEVON	KARBON	PERM
542 – 251 Mio. Jahre					

Mio. Jahre = Millionen Jahren

4600 Mio. Jahre
Bildung der Erde

3400 Mio. Jahre
Erste Bakterien (einzellige Organismen) tauchen auf.

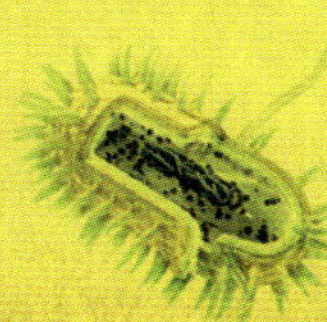

2100 Mio. Jahre
Die Atmosphäre reichert sich mit Sauerstoff an.

700 Mio. Jahre
Erste vielzellige Tiere

PRÄKAMBRIUM | PALÄOZOIKUM | MESOZOIKUM | KÄNOZOIKUM

ZEITLEISTE

Den größten Teil der Erdgeschichte hindurch waren die beherrschenden Lebensformen auf der Erde Einzeller. Die ersten vielzelligen Organismen tauchten vor 700 Millionen Jahren auf.

ERDMITTELALTER (MESOZOIKUM)

Das Mesozoikum war das Zeitalter der Dinosaurier; daneben gab es Reptilien wie Schildkröten, Krokodile, Eidechsen und Schlangen. Zudem tauchten Vögel, Säuger und die ersten Blütenpflanzen auf. Dieses Zeitalter endete mit dem Verschwinden vieler Lebensformen.

ERDNEUZEIT (KÄNOZOIKUM)

Der Anbruch des Känozoikums fiel mit dem Aussterben der Dinosaurier zusammen. Seitdem sind die Säugetiere die beherrschende Tiergruppe, und die Zahl der Vogelarten hat zugenommen. Im letzten Moment in der langen Geschichte der Erde tauchte der Mensch auf.

GIGANOTOSAURUS

BAROSAURUS
Ein großer Herbivore (Pflanzenfresser), der vor 150 Millionen Jahren lebte.

BAROSAURUS-KNOCHEN

TITANIS
Einer der ersten Vögel.

THYLACOSMILUS
Ein säbelzähniges Beuteltier.

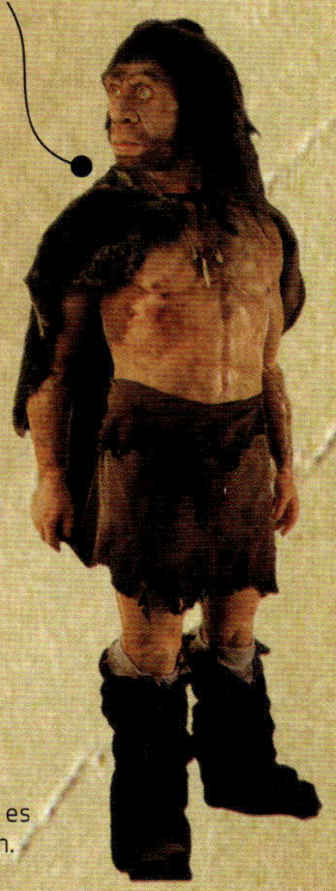

AUSTRALOPITHECUS AFARENSIS
Ein Vorfahr des Menschen.

AUSTRALOPITHECUS
Ein Vorfahr des Menschen.

200–180 Mio. Jahre
Pangaea bricht in Kontinente auseinander. Afrika, Indien und Amerika bilden sich.

60 Mio. Jahre
Die Kontinente ähneln bereits den heutigen Landmassen, und es beginnen sich Gebirge zu bilden.

TRIAS | **JURA** | **KREIDE**
251 – 66 Mio. Jahre

TERTIÄR | **QUARTÄR**
vor 66 Mio. Jahren bis heute

Kambrium

Vor rund 541 Millionen Jahren kam es auf der Erde zu einer wahren Explosion der tierischen Artenvielfalt. Diese Periode wird oft als „Zeitalter der Trilobiten“ bezeichnet, denn in den Meeren jener Zeit waren diese Organismen außerordentlich häufig. Diese Trilobiten waren Gliederfüßer (Arthropoden) und besaßen ein hartes Außenskelett, das aus gelenkig verbundenen Teilen bestand. Neben den Trilobiten gab es Algen und Schwämme wie auch andere Wirbellose (Invertebraten) und die ersten kieferlosen Wirbeltiere (Vertebraten).

DIE LANDMASSEN DER ERDE

In dieser Periode lag der größte Teil der Landmassen auf der Südhalbkugel. Die größte Landmasse war Gondwana; sie umfasste die heutigen Südkontinente. Laurentia bildete die zweitgrößte Landmasse.

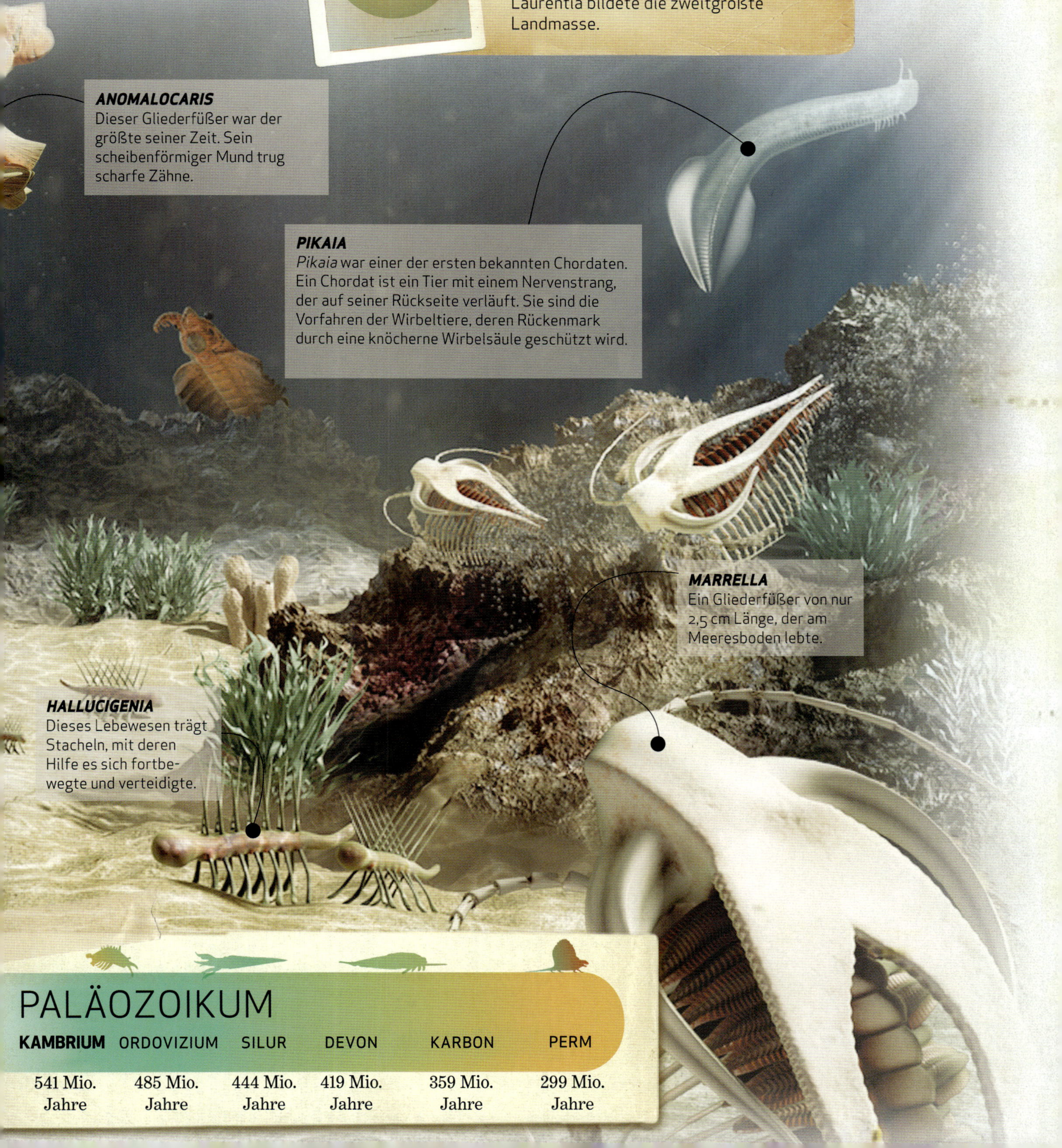

ANOMALOCARIS
Dieser Gliederfüßer war der größte seiner Zeit. Sein scheibenförmiger Mund trug scharfe Zähne.

PIKAIA
Pikaia war einer der ersten bekannten Chordaten. Ein Chordat ist ein Tier mit einem Nervenstrang, der auf seiner Rückseite verläuft. Sie sind die Vorfahren der Wirbeltiere, deren Rückenmark durch eine knöcherne Wirbelsäule geschützt wird.

MARRELLA
Ein Gliederfüßer von nur 2,5 cm Länge, der am Meeresboden lebte.

HALLUCIGENIA
Dieses Lebewesen trägt Stacheln, mit deren Hilfe es sich fortbewegte und verteidigte.

PALÄOZOIKUM

KAMBRIUM	ORDOVIZIUM	SILUR	DEVON	KARBON	PERM
541 Mio. Jahre	485 Mio. Jahre	444 Mio. Jahre	419 Mio. Jahre	359 Mio. Jahre	299 Mio. Jahre

Ordovizium

Während der zweiten Periode des Paläozoikums, im Ordovizium, nahm die Zahl der unterschiedlichen Lebensformen rasch zu, vor allem im Meer. Neben Fischen gab es eine breite Palette von kleinen Wirbellosen, darunter Moostierchen (Bryozoen), Trilobiten und Weichtiere (Mollusken). Die Periode endete jedoch mit einem Massenaussterben, bei dem fast die Hälfte aller Meeresbewohner ausgelöscht wurde.

NAUTILOIDEN
Vermutlich gehörten die Nautiloiden zu den größten Tieren dieser Periode. Ihre Mundöffnung war von Armen umgeben.

KORALLEN
Zusammen mit anderen Wirbellosen bilden Korallen mächtige Riffe.

DIE LANDMASSEN DER ERDE

Im Lauf dieser Periode bewegte sich Gondwana auf den Südpol zu. Ein großer Teil des Kontinents lag unter Wasser.

SCHNECKEN
Ganz ähnlich wie heutige Gehäuse- und Nacktschnecken bewegten sich diese Mollusken über den Meeresboden. Sie ernährten sich von kleinen Algen und Schwämmen.

Silur

Zu Beginn des Silurs hatten Pflanzen bereits begonnen, das Land zu erobern – Moose und andere kleine Pflanzen entwickelten sich in der Nähe von Küsten, Seen und Flüssen. Auch Wirbellose begannen, das Meer zu verlassen und aufs Land vorzudringen, doch die meisten Tiere lebten weiterhin im Wasser. In dieser Periode tauchten erstmals Knochenfische mit beweglichen Kiefern auf.

JAEKELOPTERUS
Dieser Seeskorpion ist der bisher größte bekannte Gliederfüßer; er war ein räuberischer Meeres- und Süßwasserbewohner. Sein Körper war durch einen Panzer geschützt.

DIE LANDMASSEN DER ERDE

Einige Teile von Gondwana drifteten zum Äquator. Sie bildeten zwei Superkontinente, Laurussia (oder Euamerica) und Laurasia. Eine Eisschmelze führte zum Ansteigen des Meeresspiegels.

PORASPIS
Einer der kieferlosen Fische dieser Zeit. Er war von einer Knochenhülle umgeben, die ihn vor Fressfeinden schützte.

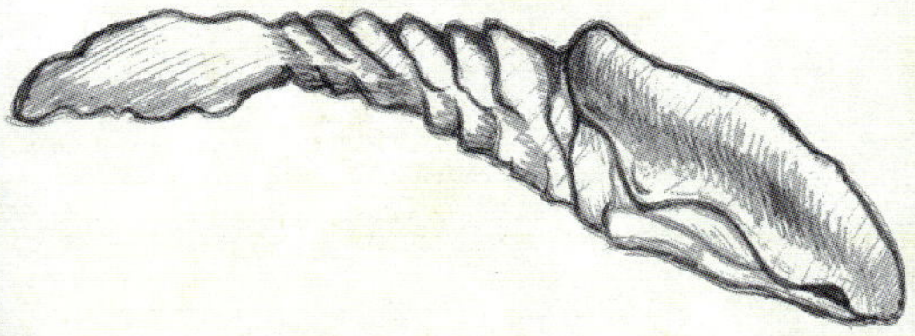

Devon

Das Devon wird oft als „Zeitalter der Fische" bezeichnet, denn damals tummelten sich Fische aller Art in großer Zahl im Meer. Panzerfische wie die Placodermi, deren Kopf – und teilweise auch Körper – mit knöchernen Platten gepanzert war, entwickelten sich zu den erfolgreichsten Jäger ihrer Tage. Zudem traten Lungenfische und die ersten Amphibien auf.

DUNKLEOSTEUS
Dieser riesige Panzerfisch war einer der gefährlichsten Räuber der Periode. Er war stark gepanzert und wog bis zu 4 t.

PTERASPIS

Pteraspis war ein kieferloser Fisch mit einem rundlichen Körper; der vordere Teil war mit Knochenplatten bedeckt, der Schwanz beschuppt. Er ernährte sich von kleinen Wirbellosen.

SCHWANZ

Der Schwanz war dick und am Ende zugespitzt.

DIE LANDMASSEN DER ERDE

Die Superkontinente Gondwana und Euamerica vereinigten sich auf der Südhalbkugel. Der Rest des Erdballs war von Wasser bedeckt.

KNOCHENPLATTEN

Dunkleosteus hatte keine Zähne, sondern zerquetschte seine Beute mit Knochenplatten im Ober- und Unterkiefer. Seine Beißkraft gehört zu der stärksten, die man bei Fischen je gefunden hat.

PALÄOZOIKUM

KAMBRIUM	ORDOVIZIUM	SILUR	**DEVON**	KARBON	PERM
541 Mio. Jahre	485 Mio. Jahre	444 Mio. Jahre	419 Mio. Jahre	359 Mio. Jahre	299 Mio. Jahre

Karbon

Im Karbon erreichte die Sauerstoffkonzentration in der Erdatmosphäre ihren höchsten Wert. Zusammen mit einer Klimaerwärmung führte dies zur Entwicklung riesiger Insekten. Amphibien begannen, ihr fischartiges Aussehen zu verlieren, und die ersten Reptilien tauchten auf. In den Meeren tummelten sich Haie verschiedenster Größen und Formen.

DIE LANDMASSEN DER ERDE

In dieser Periode bildete sich der Superkontinent Pangaea. Der Ozean, der diese Landmasse umgab, wird Panthalassa genannt.

AMNIOTENEI

In dieser Periode schritt die Entwicklung der Tetrapoden (Wirbeltiere mit vier Beinen) voran, und sie wurden weniger abhängig vom Wasser. Eine wichtige Veränderung betraf ihre Eier, die eine harte Schale entwickelten. Im Inneren wuchs der Embryo in einer flüssigkeitsgefüllten Höhle heran. Das bedeutete, dass die Eier an Land abgelegt wurden und die Jungen dort schlüpfen konnten.

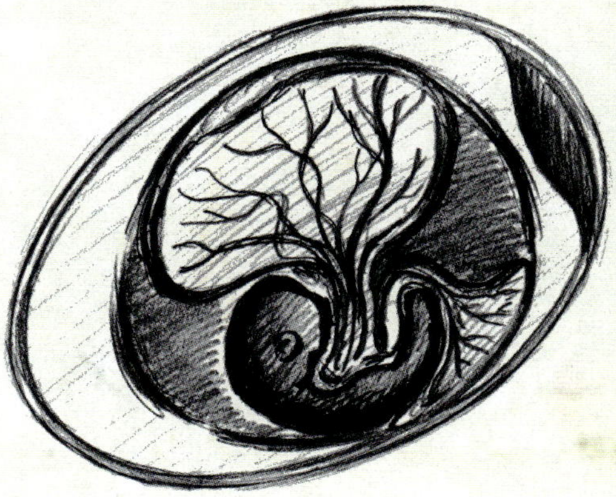

ACANTHOSTEGA

Dieses Wirbeltier verbrachte die meiste Zeit im Wasser, doch es hatte vier Beine (wie ein Landtier). Es hatte eine Schwanzflosse und atmete mittels Kiemen.

PALÄOZOIKUM

KAMBRIUM	ORDOVIZIUM	SILUR	DEVON	**KARBON**	PERM
541 Mio. Jahre	485 Mio. Jahre	444 Mio. Jahre	419 Mio. Jahre	359 Mio. Jahre	299 Mio. Jahre

Perm

Im Perm bevölkerte eine Vielzahl seltsamer und wunderbarer Reptilienarten die Erde. Unter ihnen befanden sich die Vorfahren der Säugetiere. Zudem gab es eine Fülle von Insektenarten, und Knochenfische beherrschten das Meer. Am Ende dieser Periode kam es jedoch zum größten Massenaussterben, das die Erde jemals erlebt hat.

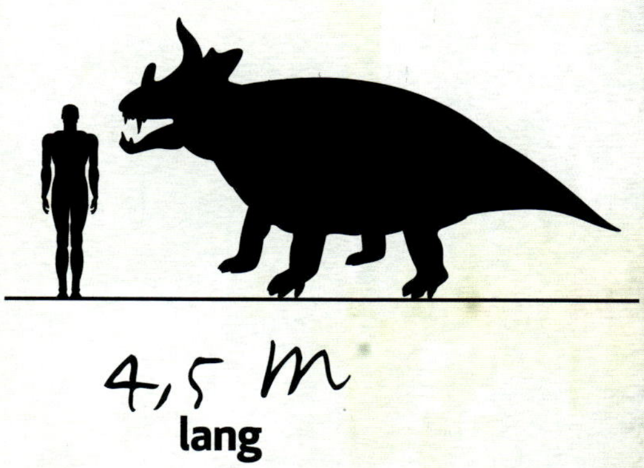

DIE LANDMASSEN DER ERDE

Zu Beginn des Perm umfasste der Superkontinent Pangaea den größten Teil der irdischen Landmasse und erstreckte sich vom Süd- bis zum Nordpol. Der Rest des Erdballs wurde von dem riesigen Urmeer Panthalassa und dem kleinen Tethys-Meer bedeckt.

EIN SELTSAMER SCHÄDEL
Der Schädel von *Estemmenosuchus* war rund 60 cm lang und trug Hörner, die nach vorn und zur Seite wiesen.

LYCOSUCHUS
Einer der vielen Fleischfresser (Carnivoren) im Perm. Lycosuchus hatte lange, spitze Eckzähne.

Dimetrodon

Dimetrodon wird oft fälschlicherweise für einen Dinosaurier gehalten, doch tatsächlich war er das furchterregendste Raubtier aus dem frühen Perm, viele Millionen Jahre vor dem Auftreten der ersten Dinosaurier. Er war ein Reptil und ein früher Vorfahr der primitiven Säugetiere.

Der Name *Dimetrodon* bedeutet „zwei Zahngrößen", und dieses Reptil besaß tatsächlich zwei unterschiedlich geformte Typen rasiermesserscharfer Zähne! Kleine Zähne an beiden Seiten des Mauls und größere Zähne vorn in der Schnauze ermöglichten *Dimetrodon*, große Fleischfetzen aus seiner Beute zu reißen.

Dieses fleischfressende Reptil lebte im frühen Perm. Sein auffälligstes Merkmal war das große „Rückensegel" – eine Struktur aus dünnen Dornfortsätzen der Hals- und Rumpfwirbel, überzogen von dicker, fester Haut.

In den 50 Millionen Jahren, die das Perm umfasst, wechselten sich an Land verschiedene Wirbeltierarten ab. Zu Anfang dieser Periode entwickelten sich die Sphenacodontiden – frühe fleischfressende Reptilien wie *Dimetrodon*.

Im späten Perm beherrschten säugetierartige Reptilien das Land, beispielsweise Fleischfresser wie die Gorgonopsiden und Pflanzenfresser wie die Dicynodonten. Zu Ende des Perm existierte eine Fülle von Tierarten, von kleinen Fleischfressern bis zu den riesigen Pflanzenfresserarten, wie sie im Karoo-Becken in Südafrika gefunden wurden.

GATTUNG: DIMETRODON
SYSTEMATIK: SYNAPSIDA, SPHENACODONTIDAE

LÄNGE 3 m
GEWICHT 250 kg
ERNÄHRUNG Fleischfresser

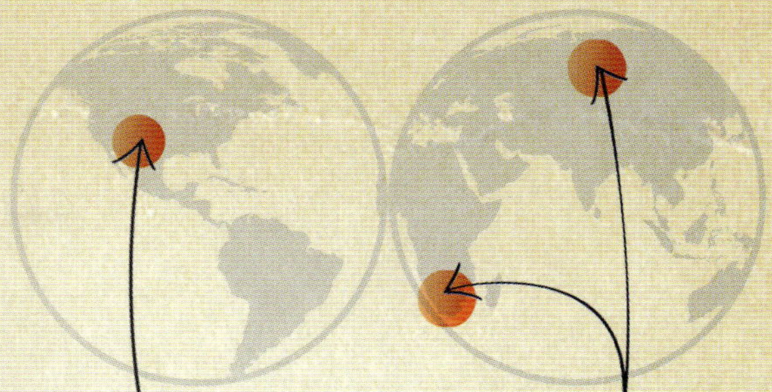

VERBREITUNG
Dimetrodon-Fossilien sind in 270 Millionen Jahre altem Gestein in den Vereinigten Staaten gefunden worden.

Viele *Dimetrodon*-Arten aus dem mittleren und späten Perm sind in Südafrika und in Russland entdeckt worden.

AUFGESPANNTES SEGEL
Diese nach oben ragenden Fortsätze der Hals- und Rumpfwirbel sind von derber Haut überzogen.

Dimetrodon

HALTUNG

Dimetrodon bewegte sich ähnlich einer Eidechse auf seitlich abgespreizten Beinen fort. Wenn er auf Jagd war, hob er den Körper jedoch wahrscheinlich, wie hier gezeigt, vom Boden ab, um schneller vorwärtszukommen.

STAMMBAUM

Ein Stammbaum ist ein Diagramm, das die evolutionären Beziehungen zwischen Arten aufzeigt. Auf jeder Artenseite gibt es einen Baum, auf dem man sieht, wie sich die Arten weiterentwickelt haben.

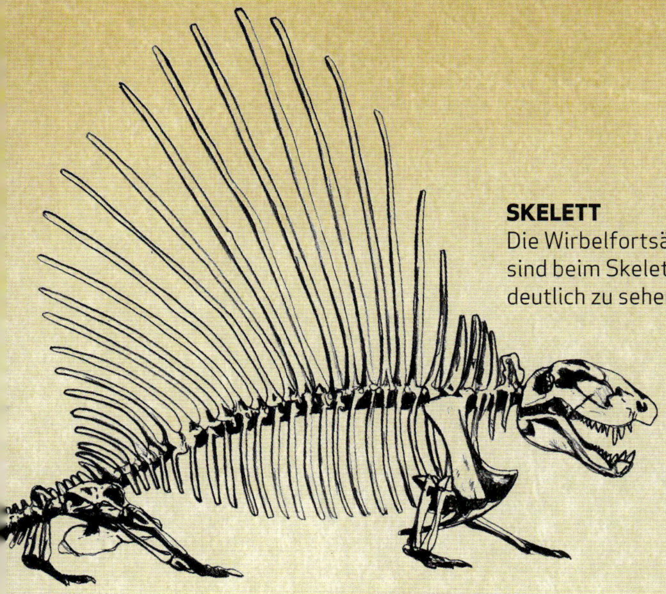

SKELETT
Die Wirbelfortsätze sind beim Skelett deutlich zu sehen.

EDAPHOSAURUS
Dieses pflanzenfressende Reptil war ein Zeitgenosse von *Dimetrodon*. Es trug ebenfalls ein riesiges Rückensegel, das möglicherweise zur Regulierung der Körpertemperatur diente.

RITUELLER KAMPF
Das Rückensegel könnte eine Rolle beim Einschüchtern von Rivalen gespielt haben.

VORFAHREN DER DINOSAURIER
Viele Dinosaurier, Pterosaurier und Krokodile entwickelten sich aus kleinen, an Eidechsen erinnernden Reptilien, die im Perm lebten.

FÜSSE
Dimetrodon besaß Füße mit fünf kurzen Zehen, die allesamt kleine, aber scharfe Krallen trugen.

Dimetrodon

SCHÄDEL
Hinter den Augen von *Dimetrodon* wies der Schädel Öffnungen auf, durch die sich starke Kiefermuskeln zogen. *Dimetrodon* konnte sicherlich kräftig zubeißen.

PRIMITIVE BEINE
Die Vorderbeine wurden vermutlich dazu eingesetzt, Beute zu packen.

RÜCKENSEGEL
Möglicherweise diente das Rückensegel dazu, die Körpertemperatur zu regulieren. Bei Tagesanbruch konnte das Tier der Sonne die Breitseite zudrehen, um sich möglichst rasch zu erwärmen.
TÖDLICHER SCHWANZ
Der Schwanz von *Dimetrodon* war lang, dick und muskulös. Er konnte als Waffe eingesetzt werden.

DINOSAURIER-ARTEN

Zu Ende der Trias übernahmen die Dinosaurier den Platz der primitiveren Reptilien, die die Erde bis dahin beherrscht hatten. Sie entwickelten ein breites Spektrum verschiedener Formen oder Größen und wurden zur dominierenden Tiergruppe der Erde.

Was ist ein Dinosaurier?

Dinosaurier sind Reptilien, die vor rund 230 Millionen Jahren auf der Erde erschienen. Sie entwickelten eine erstaunliche Fülle an Formen und Größen: Einige waren Riesen, andere Zwerge, einige Pflanzenfresser, andere Fleischfresser. Zum Schutz trugen sie Hörner, Kämme, Knochenplatten und sogar Federn. Gegen Ende der Kreidezeit verschwanden die Dinosaurier, doch sie hinterließen gefiederte Nachkommen, die fliegen konnten – die Vögel!

Dinosaurier sahen anders aus als Schildkröten, Eidechsen oder Krokodile, denn sie hatten eine andere Körperhaltung. Ihre Extremitäten waren senkrecht unter dem Körper angebracht und setzten nicht seitlich am Körper an, wie bei den meisten Reptilien. Ihre Haltung war aufrechter, und sie konnten sich schneller und eleganter bewegen als die meisten anderen Reptilien. Dinosaurier konnten sich auf ihren Hinterbeinen aufrichten und beim Gehen oder Laufen ihre Zehen gebrauchen. Diese effizientere Art der Fortbewegung war einer der Schlüssel für den Erfolg der Dinosaurier; er verschaffte ihnen einen Wettbewerbsvorteil gegenüber anderen Reptiliengruppen. Zahlreiche Gattungen der Dinosaurier erreichten gigantische Ausmaße. *Argentinosaurus* und *Puertasaurus* gelten als die größten Tiere, die jemals gelebt haben. Von der Schnauzen- bis zur Schwanzspitze konnten sie fast 35 m erreichen. Es gab auch Dinosaurier von Hühnergröße, zum Beispiel *Scipionyx* aus Italien, *Microraptor* aus China und *Ligabueino* aus Argentinien.

DIE EVOLUTION DER REPTILIEN

Als sich die Dinosaurier entwickelten, veränderte sich vor allem die Art ihrer Fortbewegung: vom quadrupeden (vierfüßigen) Reptiliengang zum bipedalen (zweibeinigen) Gang.

1 REPTILIEN

Bei Eidechsen setzen die Beine seitlich am Rumpf an; Ellbogen- und Kniegelenke sind gebeugt, und der Bauch schleift beim langsamen Laufen über den Boden.

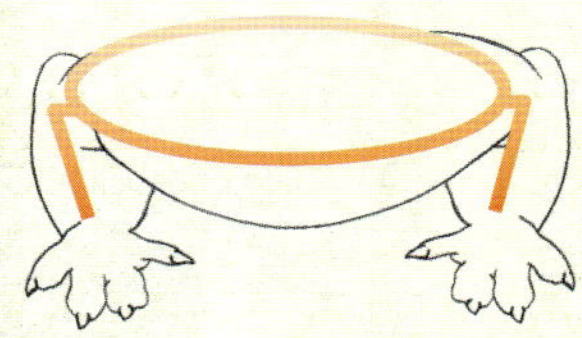

2 HALB AUFGERICHTET

Bei Krokodilen weisen die Gliedmaßen nach außen und nach unten; der Beugewinkel an Ellbogen und Knien beträgt 45°. Krokodile kriechen, wenn sie sich langsam fortbewegen, und richten sich auf, wenn sie rennen.

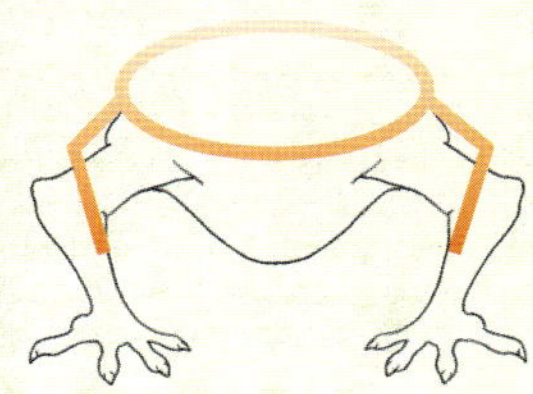

3 BIPEDIE (GANG AUF ZWEI BEINEN)

Bei Dinosauriern setzten die Hinterbeine unter dem Rumpf an, sodass der Körper nie über den Boden gezogen wurde, nicht einmal dann, wenn die Tiere sich langsam fortbewegten.

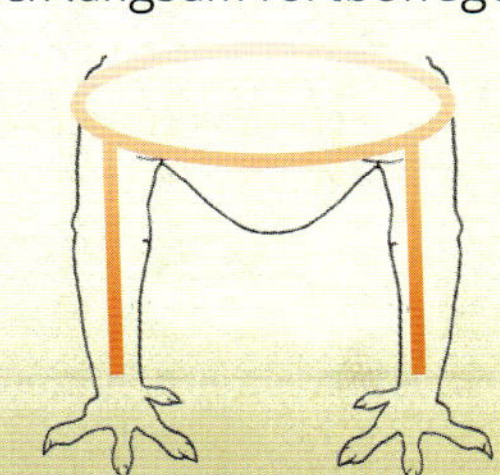

Systematik

Diese Grafik zeigt die Beziehung zwischen den verschiedenen Dinosauriergruppen; sie beginnt mit der wichtigsten Unterteilung, nämlich der zwischen Echsenbeckendinosauriern (Saurischia) und Vogelbeckendinosauriern (Ornithischia). Zu dieser Trennung kam es, nachdem sich die Dinosaurier in der Trias aus urtümlicheren Reptilien entwickelt hatten. Im Lauf der nächsten 160 Millionen Jahren fächerten sie sich in viele verschiedene Gruppen auf.

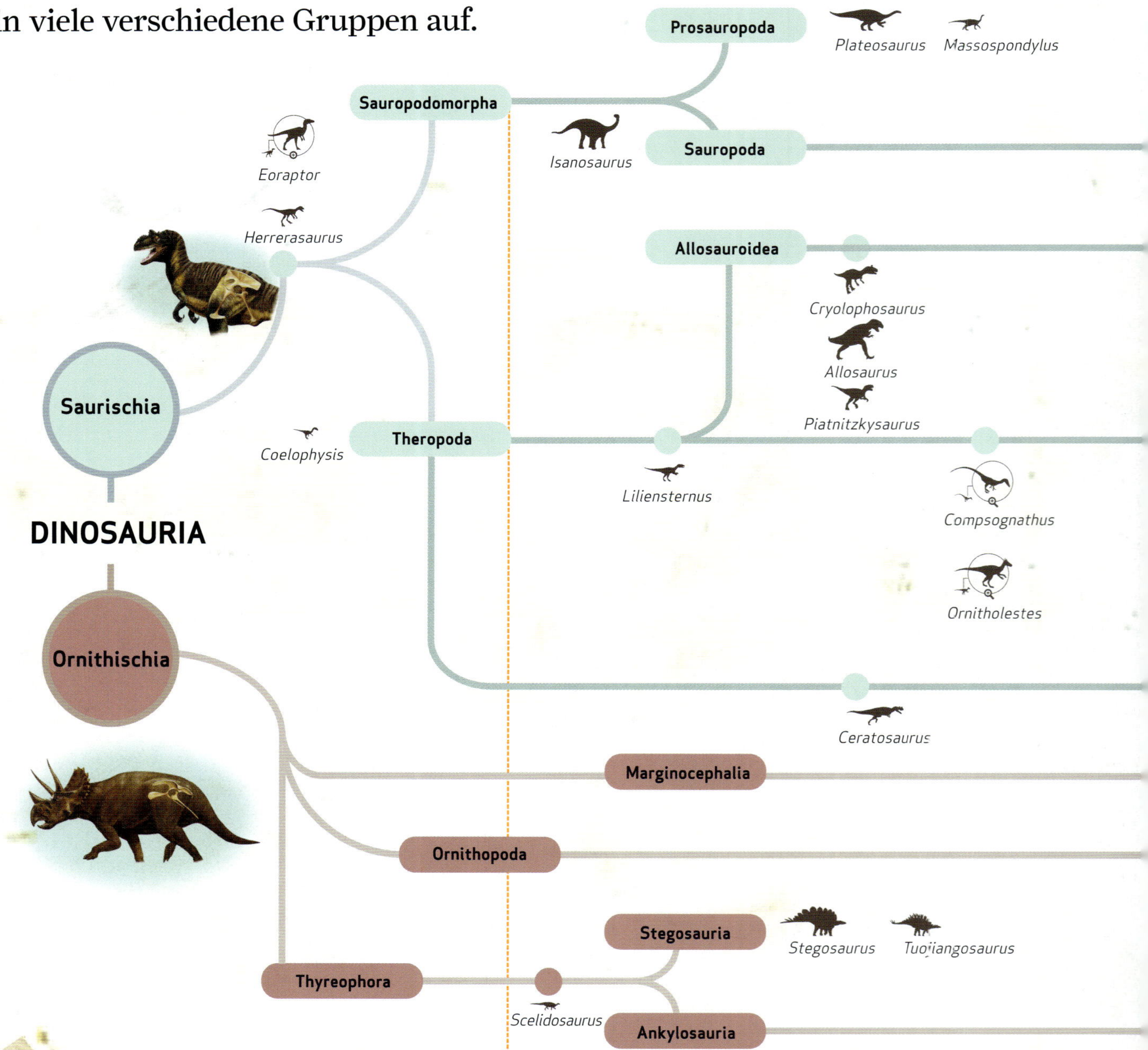

MESOZOIKUM

TRIAS In dieser Periode vor 230 Millionen Jahren traten die ersten Dinosaurier auf. Sie lebten mit anderen Reptiliengruppen zusammen.

JURA 150 Mio. Jahre

Pflanzenfresser lebten Seite an Seite mit Fleischfressern. Gegen Ende dieser Periode entwickelten sich die ersten Vögel.

BENENNUNG

Wissenschaftler fassen alle Lebewesen in Verwandtschaftsgruppen zusammen. Die Namen dieser Gruppen helfen dabei, die systematische Kategorie zu erkennen. Das geschieht, indem man die Endung (Suffix) der Namen verändert. Beispielsweise ist das Suffix für Überfamilien „oidea" (Tyrannosauroidea), das für Familien hingegen in Stammbaumsystematiken ist „idae" (Tyrannosauridae). Wenn wir im Text von einer Dinosaurierfamilie sprechen, verwenden wir die Endung „iden" (Tyrannosauriden).

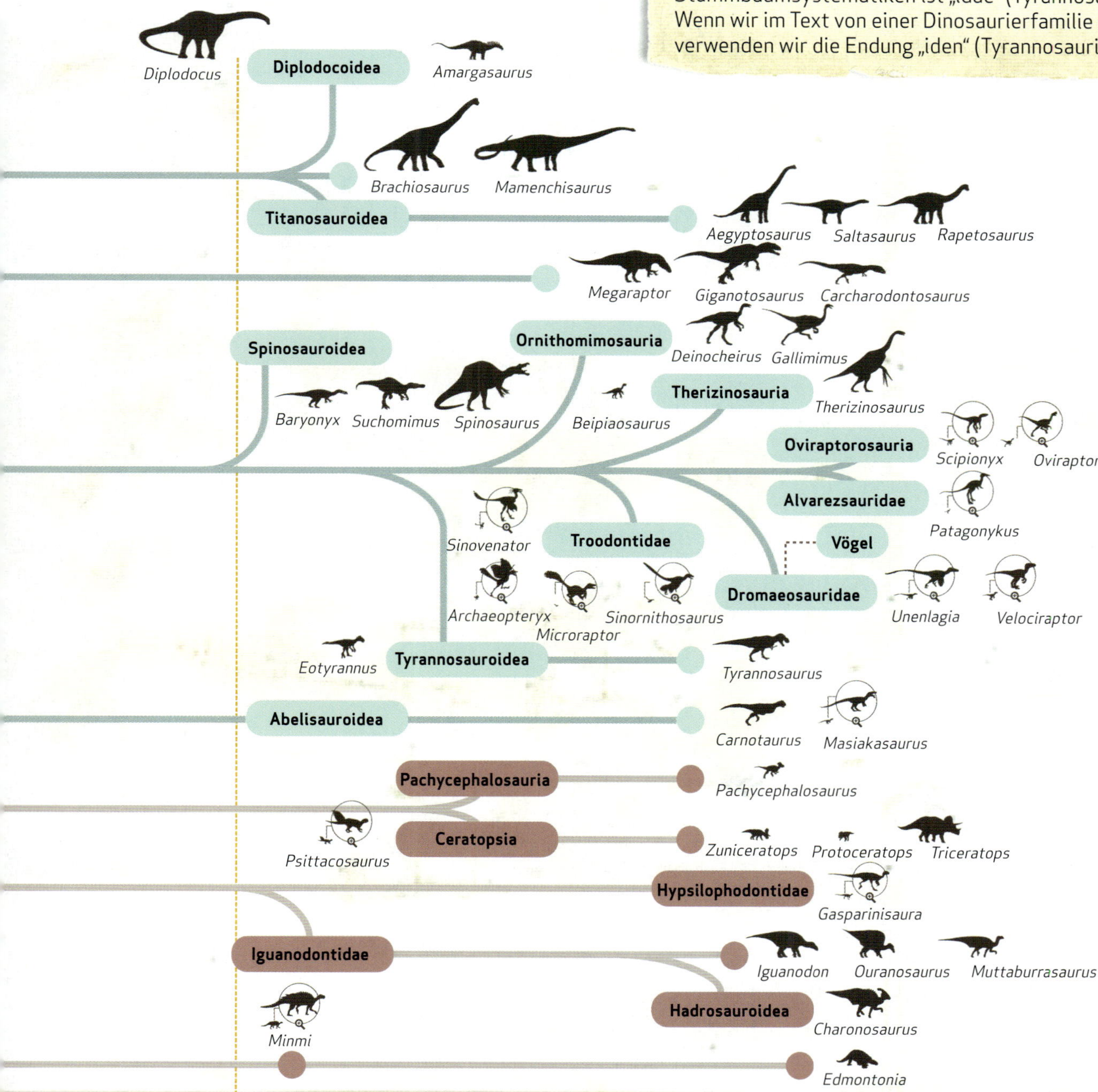

KREIDE
100 Mio.
Jahre

Es entwickelten sich dominante Gruppen, und neue Arten traten auf. Alle Dinosaurier verschwanden zu Ende dieser Periode.

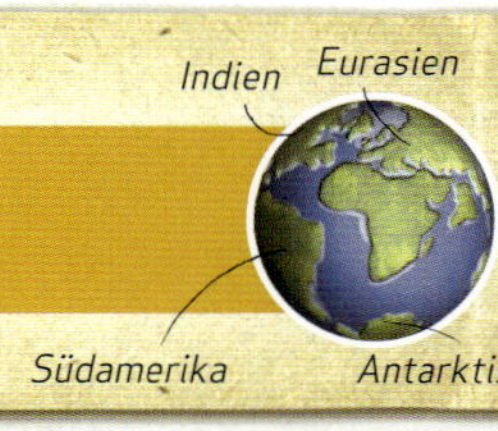

Tyrannosaurus rex

Tyrannosaurus rex hatte einen riesigen Kopf, kräftige und scharfe Zähne sowie Hinterbeine, die zur raschen Fortbewegung geeignet waren. Dieser Dinosaurier war einer der außergewöhnlichsten Geschöpfe der prähistorischen Welt!

Tyrannosaurus rex und seine nächsten Verwandten, die Tyrannosauriden, entwickelten sich in der nördlichen Hemisphäre während der späten Kreidezeit (Oberkreide). Skelette, Zähne und Fußabdrücke dieser großen Fleischfresser sind in Nordamerika und Zentralasien gefunden worden.

Sie waren vorzügliche Jäger, und zu ihren Beutetieren gehörten Ceratopsiden und Hadrosaurier. Die größeren Tyrannosauriden lebten Seite an Seite mit den Dromaeosauriden (kleinen, flinken fleischfressenden Dinosauriern).

Die Stärke von *Tyrannosaurus* lag in seinem riesigen Kiefer, der von einer kräftigen Schläfenmuskulatur bewegt wurde. Die Form des Schädels deutet darauf hin, dass dieser Dinosaurier einen gut entwickelten Geruchssinn hatte, der ihm sicherlich beim Aufspüren seiner Beute half.

Über die Ernährungsweise von *Tyrannosaurus* kursieren zahlreiche Theorien. Seine Hinterbeine zeigen, dass er sich rasch genug fortbewegen konnte, um schwere Tiere einzuholen. Skelette von *Triceratops* und Hadrosauriern sind mit großen Bissspuren gefunden worden, die vermutlich von Tyrannosauriden stammen. Demnach war *Tyrannosaurus* vermutlich in der Lage, seine Beute lebend zu fangen. In langen Dürreperiode hat er jedoch sicherlich auch von Aas gelebt.

GATTUNG: TYRANNOSAURUS
SYSTEMATIK: THEROPODA,
COELUROSAURIA, TYRANNOSAURIDAE

LÄNGE 12,5 m
GEWICHT 5000 kg
ERNÄHRUNG
Fleischfresser

EIN FURCHTERREGENDES GEBISS
Die Zähne von *Tyrannosaurus* waren so kräftig, dass er damit Knochen zermalmen konnte. Sie besaßen einen gesägten Rand, sodass sie Fleisch problemlos zerteilen konnten.

KURZE ARME
Die Arme waren im Vergleich zur Körpergröße winzig – etwa so lang wie menschliche Arme, und sie endeten in zwei Fingern. Sie waren zu klein und zu kurz, um damit Beute zu fangen.

STARKE FÜSSE
Jeder Fuß besaß drei kräftige Zehen, mit denen Beutetiere auf den Boden gedrückt werden konnten. Etwas höher am Fuß saß eine vierte Zehe, die sogenannte Afterklaue, doch diese war so gut wie nutzlos.

VERBREITUNG
Tyrannosaurus-rex-Fossilien sind in den Vereinigten Staaten und Kanada gefunden worden, und zwar zusammen mit den Fossilien anderer Tyrannosauriden wie *Daspletosaurus*, *Gorgosaurus* und *Albertosaurus*.

Tyrannosauriden-Fossilien sind auch auf der anderen Seite der Welt, in Asien, entdeckt worden, darunter solche von *Guanlong*, eines primitiven Tyrannosauriden aus der Jurazeit.

Tyrannosaurus rex

GEWALTIGE ZÄHNE
Die Zähne waren rundlich und liefen spitz zu; sie waren nicht so seitlich abgeflacht und sichelförmig wie bei anderen Theropoden.

DER NAME *TYRANNOSAURUS*
Im Jahr 1905 beschrieb Henry Fairfield Osborn, ein Paläontologe am American Museum of Natural History (Amerikanisches Naturkundemuseum) in New York dieses Tier und nannte es *Tyrannosaurus rex*.

STAMMBAUM

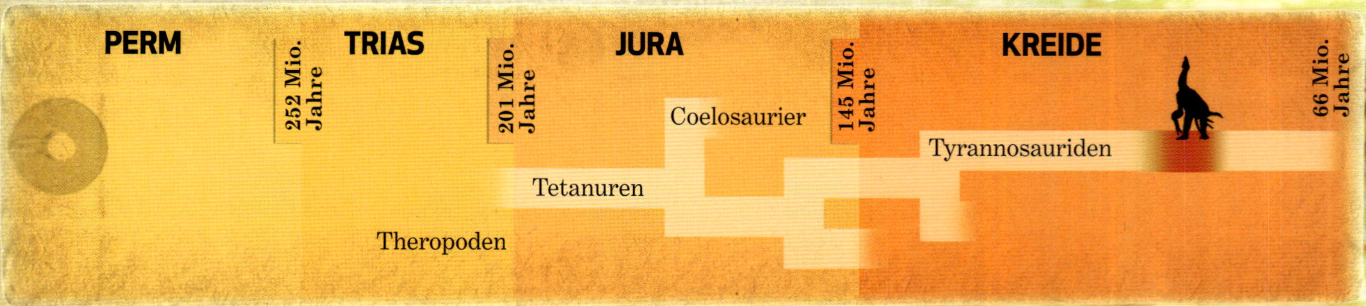

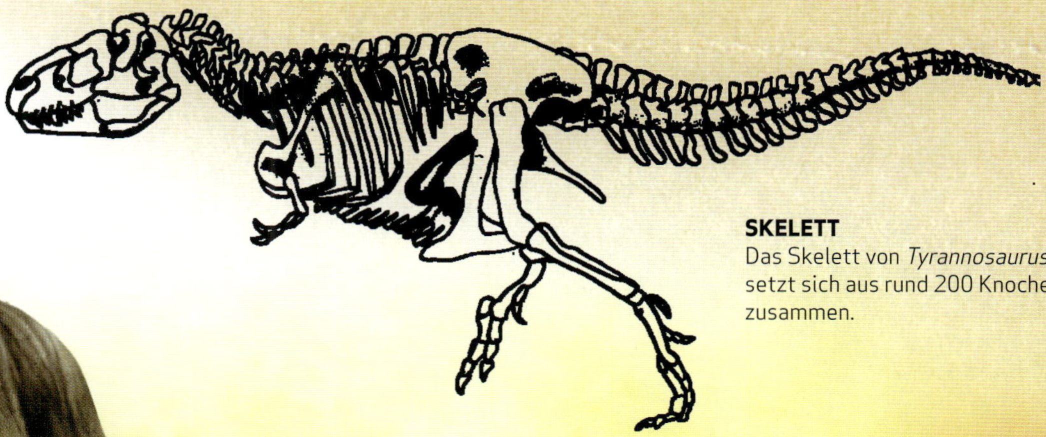

SKELETT
Das Skelett von *Tyrannosaurus rex* setzt sich aus rund 200 Knochen zusammen.

GEPOLSTERTE FÜSSE
Die drei Hauptzehen von *Tyrannosaurus* trugen scharfe Klauen. Auf der Unterseite waren sie gepolstert, um den Druck beim Auftreten besser aufzufangen.

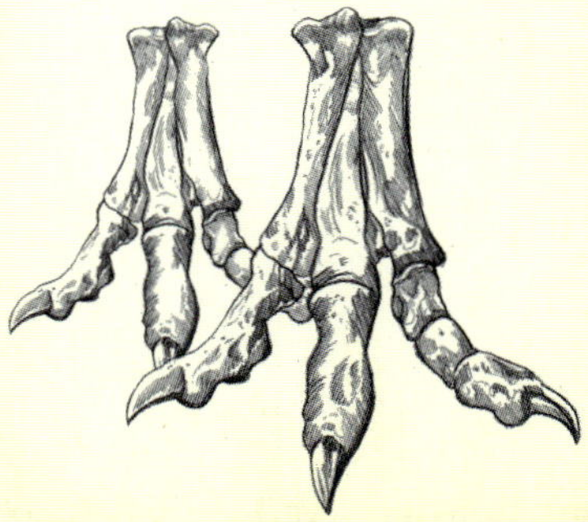

Tyrannosaurus rex

GEFIEDERTE JUNGTIERE
Jungtiere von *Tyrannosaurus rex* trugen wahrscheinlich Federn, die sie im Lauf ihrer Entwicklung verloren.

GROSSWILDJÄGER
Wahrscheinlich konnte *Tyrannosaurus* aufgrund seiner Stärke große Pflanzenfresser erlegen.

HINTERBEINE
Die Hinterbeine von *Tyrannosaurus* waren lang und muskulös. Manche Wissenschaftler nehmen an, dass sie schnell genug waren, um ihre Beute zu verfolgen.

EIN RIESIGER KOPF
Der Kopf allein war 1,4 m lang und hatte 50 bis 60 Zähne im Maul.
ARME
Sie waren so kurz, dass *Tyrannosaurus* nicht einmal sein Maul erreichen konnte.

Anatomische Merkmale

Dank Fossilien von Dinosaurierskeletten, Zähnen, Fußabdrücken, Eiern und Haut besitzen wir eine Fülle von Informationen über die verschiedenen Dinosaurierarten. Paläontologen fügen diese Informationen mit Daten über heutige Arten und der Umwelt der Dinosaurier zusammen, um sich ein Bild von der Anatomie (dem Körperbau) der Dinosaurier zu machen.

Von den vielen fossilen Dinosaurierskeletten, die inzwischen gefunden wurden, wissen wir, dass Dinosaurier anderen Reptilien sehr ähnlich sahen. Knochenbau, schuppenbedeckter Körper und das Schlüpfen aus beschalten Eiern sind die wichtigsten Eigenschaften, die sie als Reptilien kennzeichnen.

In vielen Merkmalen unterscheiden sich Dinosaurier jedoch auch von ihren Reptilienverwandten, beispielsweise in der Anpassung ihrer Beine und ihres Beckens. Im Lauf dieser Umstellung entwickelten sie auch eine neue Muskelanordnung.

Das meiste, was wir über den Körperbau von Dinosauriern wissen, verdanken wir ihren Knochen. In einigen Fällen sind darüber hinaus Abdrücke von Hautstücken erhalten geblieben; daher wissen wir, dass einige Dinosaurier gepanzert waren und Schuppen besaßen, während andere kürzlich entdeckte Dinosaurier Federn hatten. Die Untersuchungen heute lebender Vögel und Reptilien hilft uns ebenfalls, die Körperhaltung der Dinosaurier zu rekonstruieren.

DEINONYCHUS-SKELETT

Die Hauptmerkmale dieses fleischfressenden (carnivoren) Dinosauriers *Deinonychus* ähnelten denen anderer Theropoden: ein großer Kopf, ein kurzer, gebogener Hals, eine kräftige Wirbelsäule und Hinterbeine, die deutlich länger waren als die Vorderbeine.

MUSKELN

Mithilfe von Wachstumsringen, Mulden und Höckern, die man an Dinosaurierknochen findet, können wir die Körpermuskulatur rekonstruieren.

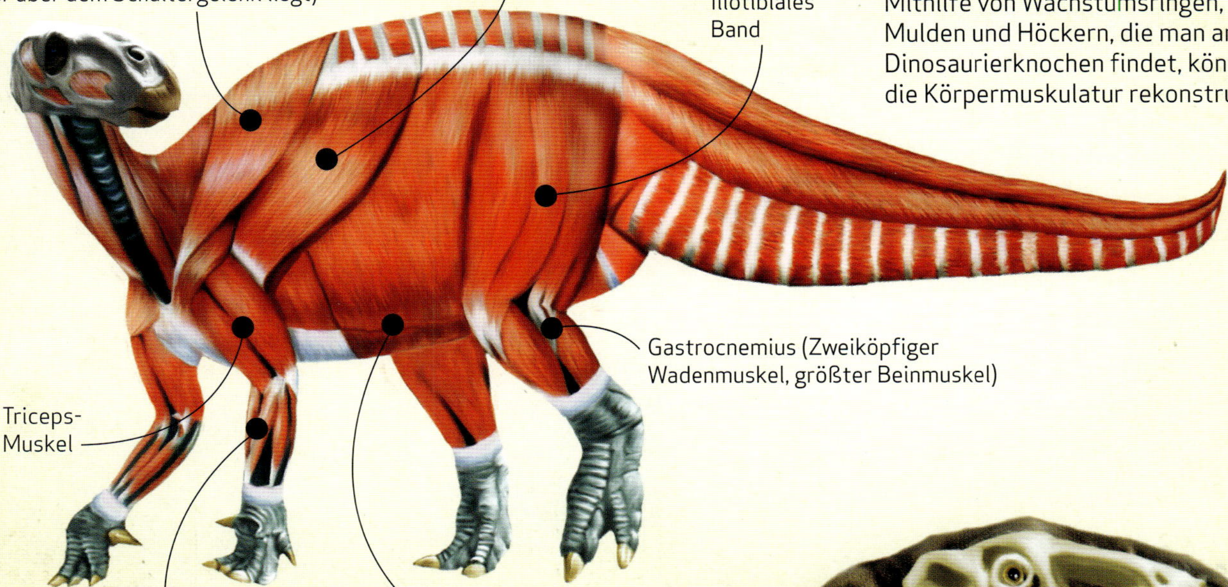

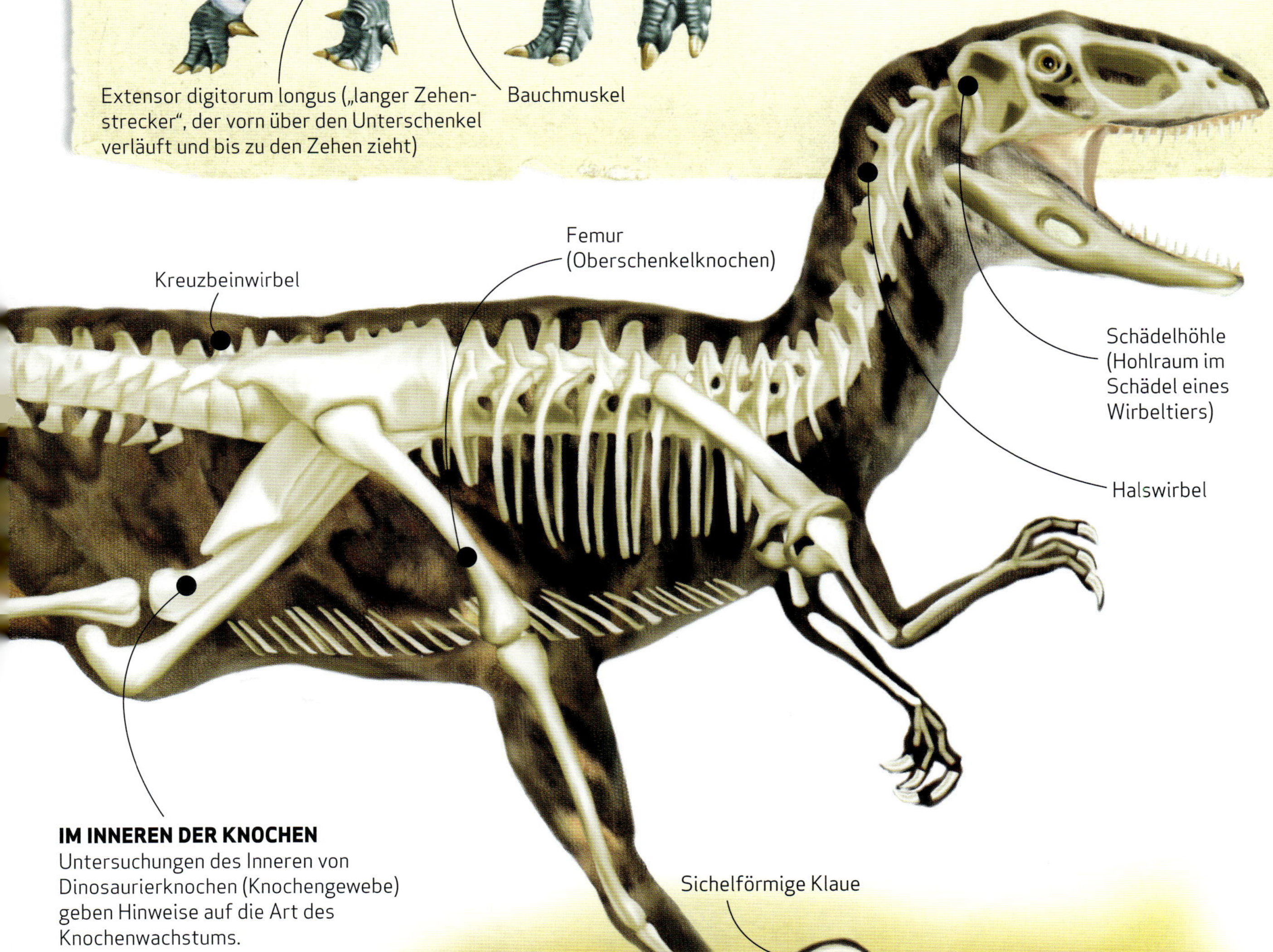

IM INNEREN DER KNOCHEN

Untersuchungen des Inneren von Dinosaurierknochen (Knochengewebe) geben Hinweise auf die Art des Knochenwachstums.

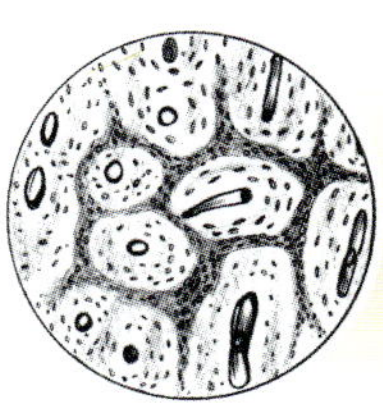

Organe

GEHIRN

Das Gehirn von Pflanzenfressern war kleiner als das von Fleischfressern. Das Gehirn eines Dinosauriers lag wie das unsrige geschützt in der Schädelhöhle und war mit Nerven verbunden, die Informationen von Augen, Ohren, Mund und Nase sammelten. Das Rückenmark setzte am Gehirn an und erstreckte sich durch den Wirbelkanal bis weit nach hinten.

INNERE ORGANE

Bei den größten herbivoren Dinosauriern (den Sauropoden) war der Brustkorb (Thorax) so riesig, dass ein erwachsener Afrikanischer Elefant hineingepasst hätte! Das Herz war so groß wie ein Fass und lag wie die Lungenflügel im Thorax.

GRÖSSE

Dinosaurier waren die Reptiliengruppe mit den stärksten Größenunterschieden. Einige Dinosaurier, wie *Epidexipteryx*, waren nur spatzengroß, während andere, wie *Argentinosaurus*, so groß wie ein Blauwal waren!

GRÖSSE
Viele Dinosaurier waren klein.

GEWICHTSVERGLEICH
1 Afrikanischer Elefant (5400 kg) = 15 *Protoceratops*

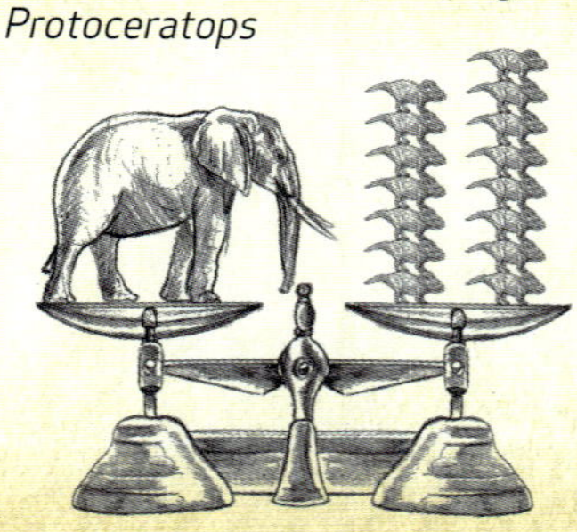

GRÖSSENVERGLEICH

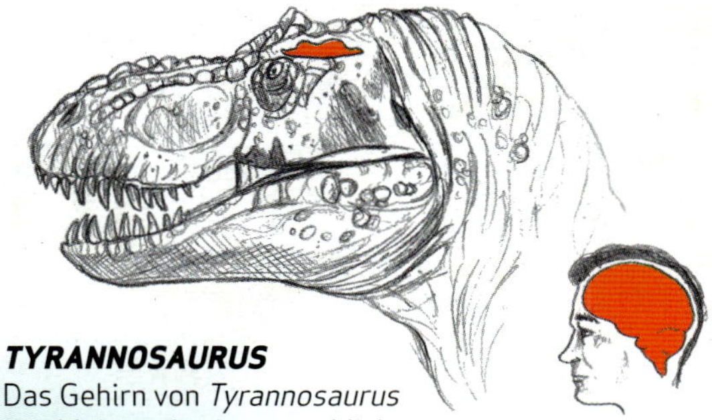

TYRANNOSAURUS
Das Gehirn von *Tyrannosaurus* war kleiner als ein menschliches Gehirn.

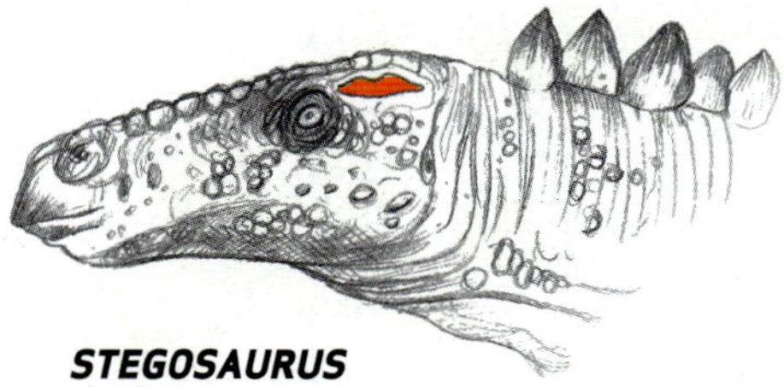

STEGOSAURUS
Stegosaurus hatte ein walnussgroßes Gehirn.

TROODON
Das Gehirn von *Troodon* war etwa so groß wie das von *Tyrannosaurus*, doch da es im Vergleich zu seinem Kopf relativ groß war, nimmt man an, dass dieser Dinosaurier über eine höhere Intelligenz verfügte.

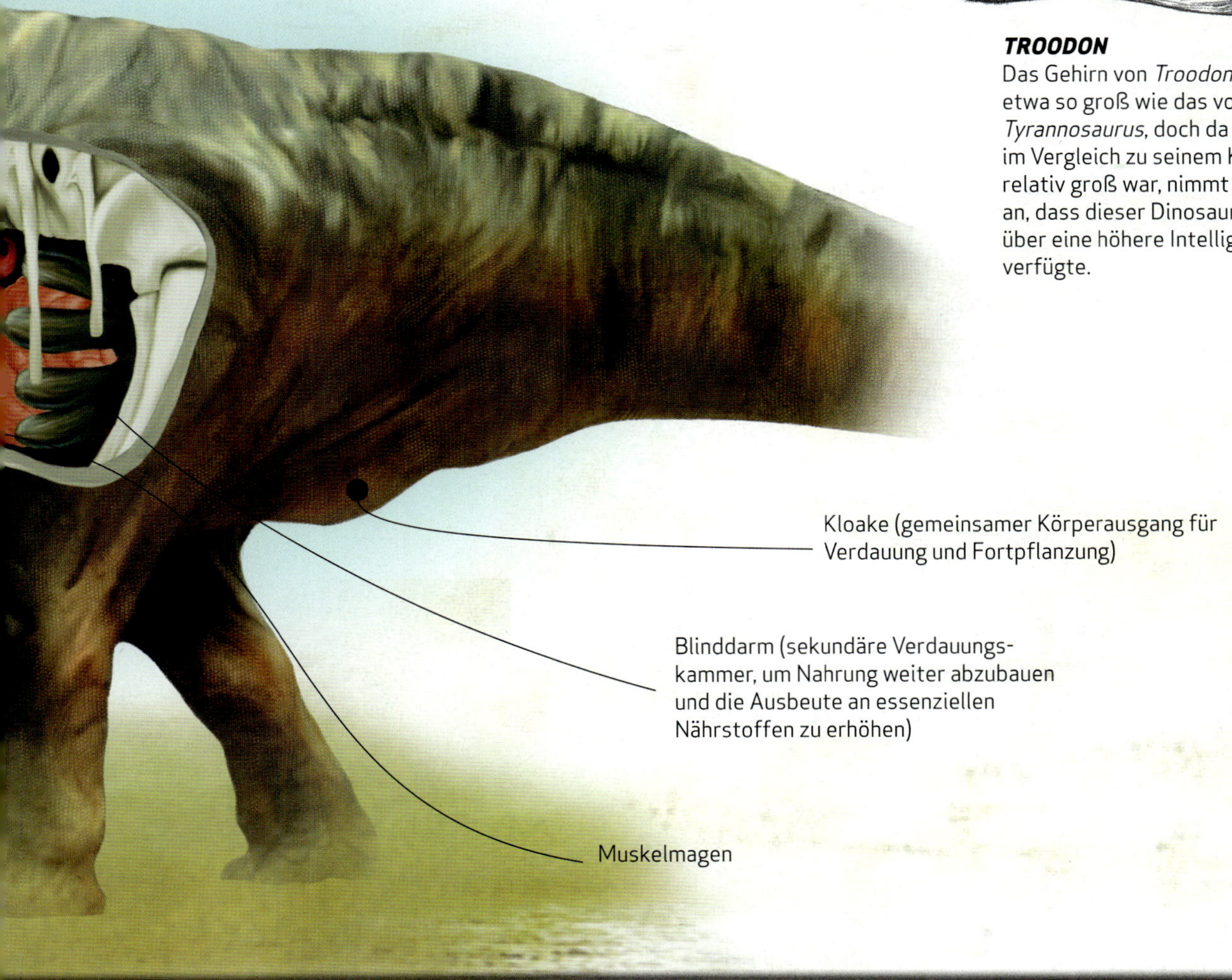

1 *Tyrannosaurus rex* (5000 kg) = 1 Afrikanischer Elefant

1 *Argentinosaurus* (73 000 kg) = 17 Afrikanische Elefanten

MESOZOIKUM

Das Mesozoikum dauerte 185 Millionen Jahre und wird in drei Perioden eingeteilt: Trias, Jura und Kreide. Dinosaurier waren die berühmtesten Vertreter dieser erdgeschichtlichen Ära, die häufig als „Zeitalter der Dinosaurier“ bezeichnet wird. Dinosaurier traten jedoch erst gegen Ende der Trias auf und übernahmen den Platz urtümlicherer Reptilien.

Das Mesozoikum, das vor rund 250 Millionen Jahren begann, wurde von einem riesigen Massenaussterben eingeleitet, das einen Großteil der Tierarten auslöschte, die im vorangegangenen Paläozoikum die Erde beherrscht hatten. Zu den wichtigsten Gruppen, die das Aussterbeereignis überlebten, gehörten die Amnioten (vierbeinige Wirbeltiere, die beschalte Eier legen) und im Meer lebende Weichtiere (Mollusken).

Im Mesozoikum tauchten viele neue Pflanzen-, Wirbeltierarten und Wirbellose auf, und ihre Zahl wuchs stetig an. In den Meeren ernährten sich riesige Reptilien, wie Ichthyosaurier und Plesiosaurier, von Fischen aller Art. An den Küsten und auf dem Festland nahmen Krokodile und andere Reptiliengruppen an Zahl und Formenreichtum zu. Im mittleren Mesozoikum tauchten die ersten Dinosaurier auf. Gegen Ende der Trias, als viele andere Reptiliengruppen ausstarben, übernahmen die Dinosaurier die Herrschaft über die Erde.

DIE LANDMASSEN DER ERDE

Zu Beginn des Mesozoikums hatten sich die Kontinentalmassen zu einem Superkontinent namens Pangaea vereinigt. In der späten Trias begann sich Pangaea in einen oberen, (nördlichen) Teil (Laurasia) und einen unteren (südlichen) Teil (Gondwana) aufzuspalten, die vom Tethys-Meer getrennt wurden.

TRIASSISCHE LANDSCHAFT
Rote Sandsteinformationen waren typisch für die sehr trockene Umwelt, in der sich die ersten Dinosaurier entwickelten.

ZAHLREICHE ARTEN
Neben den Dinosauriern wuchs auch die Zahl anderer Reptilien sowie der Säugetiere.

PFLANZEN

In Pangaea herrschte ein warmes Trockenklima; dort wuchsen Koniferen, Palmfarne und Ginkgos. Einige Pflanzen aus dieser Zeit, beispielsweise Farne, haben bis heute überlebt.

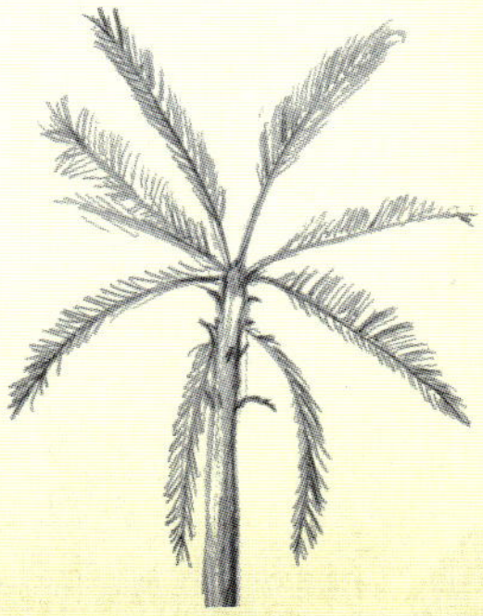

Leptocycas gigas (ein Palmfarn aus der späten Trias)

TIERE

Vorfahren der Dinosaurier, wie die Gattung *Lagosuchus*, und die Dinosaurier selbst lebten in der Trias in vielen Teilen der Welt.

Die Ischigualasto-Formation

Vor etwa 228 Millionen Jahren lebten die ersten Dinosaurier im Süden von Gondwana neben den letzten Therapsiden (säugerähnlichen Reptilien). Zahlreiche fossile Überreste von diesen und anderen Reptilien sowie von Amphibien, Wirbellosen und Pflanzen sind inzwischen ausgegraben worden.

Das Naturreservat Ischigualasto gehört zu den wichtigsten Fundstätten für Fossilien aus dem Mesozoikum. Das Reservat liegt im Nordwesten von Argentinien in der Provinz San Juan. Die Ischigualasto-Formation besteht aus Ablagerungen, die sich die ganzen 50 Millionen Jahre der Trias hindurch gebildet haben, und erlaubt uns dank ihres Fossilreichtums einen einzigartigen Einblick in die Tier- und Pflanzenwelt jener Zeit.

Die ersten Fossilien wurden 1942 in Ischigualasto entdeckt; neben Dinosaurier-Fossilien wurden auch Versteinerungen anderer Reptiliengruppen gefunden. Diese Funde haben die These gestützt, dass die Dinosaurier und die Vorfahren der Säugetiere etwa zur gleichen Zeit auftauchten, während andere Reptiliengruppen allmählich verschwanden.

Analysen der Ablagerungen haben ergeben, dass das Klima in der frühen Trias (Untertrias) außerordentlich trocken war. In der mittleren Trias war die Luftfeuchtigkeit jedoch offenbar höher. Später sorgte vulkanische Aktivität für heftige Aschenregen, die dazu beitrugen, die Fossilien zu konservieren.

DICROIDIUM
Dicroidium gehörte zur häufigsten Pflanze in der Ischigualasto-Formation. Sie wuchs zwischen niedriger Vegetation in Wäldern oder in Überschwemmungsgebieten und bildete einen Teil der grünen, buschigen Lebensräume in der mittleren Trias.

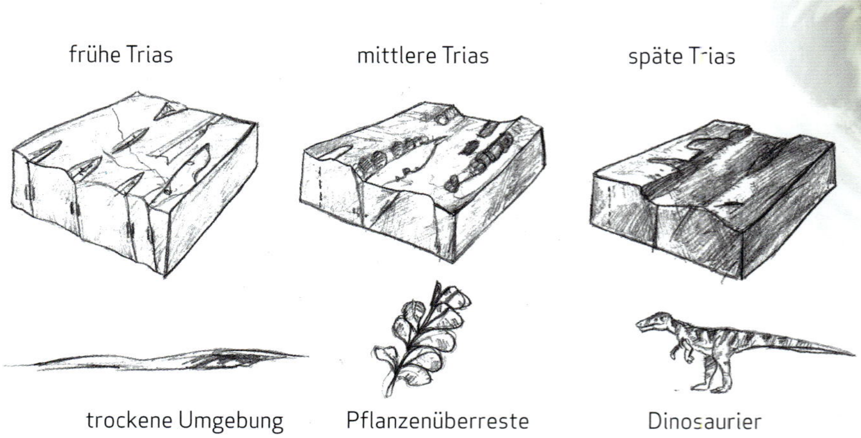

FLEISCHFRESSER ODER ALLESFRESSER?
Der kleine Echsenbeckendinosaurier (Saurischia) *Eoraptor* war entweder ein Fleischfresser (carnivor) oder ein Allesfresser (omnivor).

RIESIGER PFLANZENFRESSER
Ischigualastia war ein großer herbivorer Therapsid.

KLEINE DINOSAURIER
Pisanosaurus war einen Vogelbeckendinosaurier (Ornithischia), die in der Trias selten waren.

Die Vorfahren

Der Ischigualasto-Formation verdanken wir Fossilien der ältesten bekannten Dinosaurierarten, *Herrerasaurus ischigualastensis* und *Eoraptor lunensis*, die vor 230 bzw. 218 Millionen Jahren lebten. Von diesen und anderen Fossilien, die in der Formation gefunden wurden, haben wir viel über die Evolution der Dinosaurier gelernt.

In der Ischigualasto-Formation fand man die Überreste des frühesten Dinosauriers *Eoraptor lunensis* und seines weiter fortgeschrittenen Verwandten, des carnivoren *Herrerasaurus ischigualastensis*.

Die meisten Fossilien wurden in den oberen Schichten der Formation gefunden und bestehen fast ausschließlich aus Archosauriern. Zu den Archosauriern zählten die frühesten Vorfahren der heutigen Krokodile. *Saurosuschus galilei* war ein Archosaurier, der zu den Rauisuchiern gehörte. Er war ein flinker Fleischfresser, der sich ähnlich wie die heutigen Krokodile bewegte. *Sillosuchus longicervix* wurden ebenfalls in der Ischigualasto-Formation gefunden. Sein Name leitet sich von dem griechischen Wort „suchus“ ab, was so viel wie „Krokodil“ bedeutet.

SILLOSUCHUS LONGICERVIX

Sillosuchus, der mit den heutigen Krokodilen verwandt ist, hatte zwei lange Hinterbeine und lebte an Land. Sein Skelett war leicht, was ihm half, sich rasch fortzubewegen.

ALLE GRÖSSEN

Die Reptilien in Ischigualasto deckten ein breites Größenspektrum ab. *Ischigualastia* war so groß wie ein Rind. Es gab aber auch kleinere Formen, wie *Probainognathus*, dessen Schädel nur 2 cm lang war! Viele Fossilien in der Formation stammen jedoch von sehr großen Tieren. *Saurosuchus*, ein Vorfahr unserer heutigen Krokodile, maß fast 6 m. Unter den Dinosauriern war *Herrerasaurus* mit mehr als 3 m Körperlänge der größte.

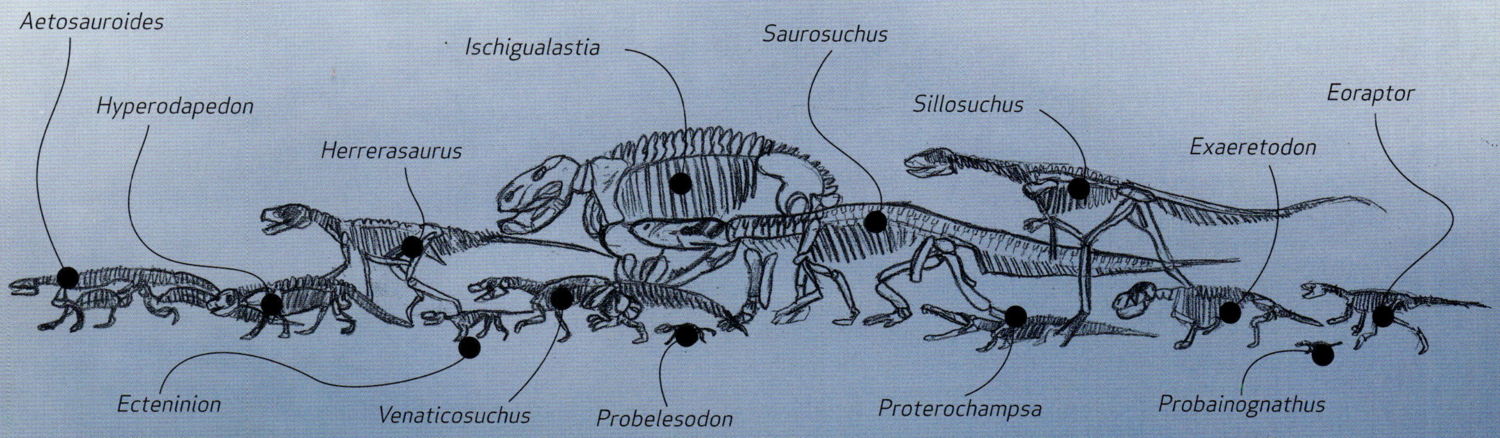

TAL DER KROKODILE
Mehr als ein Dutzend urtümlicher Krokodile sind in Ischigualasto gefunden worden; sie lebten in der mittleren und der oberen Trias.

FLEISCHFRESSER
Von dem größten carnivoren Therapsiden, *Chiniquodon theotonicus*, sind nur Überreste des Schädels erhalten geblieben.

Herrerasaurus

Herrerasaurus war ein Fleischfresser, der schnell laufen konnte und gut an die Jagd auf andere herbivore und omnivore Reptilien angepasst war. Seine Fossilien haben uns wichtige Informationen über Herkunft und Formenreichtum der Dinosaurier geliefert.

***H**errerasaurus* ist der ursprünglichste Dinosaurier, der zusammen mit *Eoraptor, Panphagia* und *Staurikosaurus* gefunden wurde. Sie alle wurden in triassischen Ablagerungen nachgewiesen, die ungefähr 228 Millionen Jahre zurückdatieren. Im Vergleich zu den anderen Reptilien jeder Zeit war *Herrerasaurus* eine seltene Gattung! Systematisch gesehen, handelt es sich um einen Theropoden mit Echsenbecken (Saurischia), der auf zwei Beinen lief. Er war einer der ersten fleischfressenden Dinosaurier, und sein Gebiss bestand aus Zähnen verschiedener Größe und Form. Die größten waren sehr scharf und erlaubten *Herrerasaurus*, Beute zu fangen und zu töten. Dieser Dinosaurier hatte auch einen kräftigen Kiefer sowie gebogene und spitze Klauen und konnte sich sehr schnell bewegen. Diese Merkmale machten ihn zu einem der gefährlichsten Jäger seiner Zeit.

LÄNGE 3 m
GEWICHT 210 kg
ERNÄHRUNG
Fleischfresser

SKELETT
Das Skelett von *Herrerasaurus* wies eine Mischung von Merkmalen auf, von denen einige an primitive Reptilien erinnert, wie die Beckenknochen. Andere Merkmale waren fortschrittlicher, wie die Fußknöchel.

KURZE ARME
Die Arme von *Herrerasaurus* waren relativ kurz und ähnelten denjenigen späterer fleischfressender Dinosaurier. Sie trugen kräftige Klauen, die zum Beutefang dienten.

VERBREITUNG
Herrerasaurus wurde im Naturreservat Ischigualasto entdeckt, im Nordwesten von Argentinien. Fossilien von *Staurikosaurus* und *Sanjuansaurus*, die ebenfalls zur Familie der Herrerasauriden gehören, sind am selben Ort ausgegraben worden.

Herrerasaurus

Im Jahr 1961 arbeitete ein Wissenschaftlerteam in Ischigualasto. Eine Mitglied, Victorino Herrer, entdeckte zusammen mit einem einheimischen Rancher und Sammler ein Bein, einen Teil des Beckens und den größten Teil der Schwanzwirbel eines Dinosauriers. Zudem fanden sie viele Knochenfragmente, die zur selben Art gehörten. Aufgrund dieser Fundstücke gelang es dem argentinischen Paläontologen Osvaldo Reig, *Herrerasaurus ischigualastensis* zu beschreiben. Er benannte die neue Art nach ihrem Entdecker und dem Fundort.

Herrerasaurus gilt heute als „urtümliche Art“, weil er in einer Zeit lebte, als die Dinosaurier noch am Anfang ihrer Entwicklung standen. Sein Skelett zeigt Merkmale, die eine Mittelstellung zwischen denjenigen von primitiveren Reptilien und von voll entwickelten Dinosauriern einnehmen. Anders als seine Vorfahren konnte er auf zwei Beinen laufen, und seine Arme und Hände hatten sich zu wirksamen Werkzeugen zum Beutegreifen entwickelt, genauso, wie es auch bei vielen späteren Dinosauriern der Fall war.

FRÜHERE DINOSAURIER
Zeitgenossen von *Herrerasaurus* waren *Eoraptor* und *Pisanosaurus*. Ihre Stellung im Stammbaum der Dinosaurier ist umstritten.

HINTERBEINE
Die Hinterbeine von *Herrerasaurus* sind denjenigen seiner Reptilienvorfahren sehr ähnlich.

STAMMBAUM

Hyperodapedon

Exaeretodon

MÖGLICHE BEUTE
Herrerasaurus jagte Therapsiden wie *Hyperodapedon* und den langsamen *Exaeretodon*. Möglicherweise erbeutete er auch kleinere Dinosaurier, wie *Eoraptor*, sowie Amphibien und große triassische Insekten

KIEFERBEWEGUNGEN
Der Kiefer von *Herrerasaurus* besaß ein spezielles Gelenk, das ihm eine hohe Flexibilität verlieh.

KLAUEN
Die Klauen an jedem Finger waren sehr scharf.

Herrerasaurus

BEWEGUNG
Herrerasaurus konnte mit seinen Hinterbeinen weit ausschreiten. Wenn er rannte, hielt er den Schwanz ausgestreckt.

REKONSTRUKTION
Das erste vollständige Skelett von *Herrerasaurus* wurde 1992 gefunden. Vor diesem Zeitpunkt war das Skelett aus verschiedenen Teilen rekonstruiert worden.

MAUL
Herrerasaurus hatte einen kräftigen Kiefer mit vielen gesägten Zähnen, die nach hinten gebogen waren.
FINGER
Beine und Hände, beispielsweise die äußeren Finger, waren bei *Herrerasaurus* so gebaut wie bei den urtümlichen theropoden Dinosauriern.

Jura

Der Jura war die geologische Periode, in der die größten Lebewesen, die jemals auf der Erde existierten, übers Land streiften. Zahlreiche verschiedene Reptilienarten bevölkerten das Festland, die Meere und die Lüfte. Das Land wurde von großen herbivoren und kleineren carnivoren Dinosauriern beherrscht.

Im Jura entwickelten sich riesige Dinosaurierformen. Sauropoden (pflanzenfressende Dinosaurier) wie *Diplodocus* und *Brachiosaurus* gehörten zu den größten Formen. Andere herbivore Arten, wie die Stegosaurier, entwickelten aufwendige Körperpanzerungen, um sich gegen große und kräftige fleischfressende Dinosaurier zu verteidigen.

Seite an Seite mit den großen Dinosauriern lebten kleinere, flinkere Arten, die möglicherweise in Gruppen jagten. Gegen Ende des Jura erschien *Archaeopteryx*, der erste bekannte Vogel. Er teilte sich den Himmel mit Flugsauriern, die es seit der Trias gab.

In den Meeren und Ozeanen lebten Ichthyosaurier und Plesiosaurier mit großen Meereskrokodilen, Haien, Rochen und verschiedenen Kopffüßern (Mollusken mit Tentakeln, wie Kraken und Kalmare) zusammen, von denen einige heutigen Formen ähneln!

PFLANZEN

Im Jura regnete es häufig, was ein üppiges Pflanzenwachstum begünstigte. Pflanzen wie Farne und Schachtelhalme sowie verschiedene Arten von Nadelbäumen bildeten dichte Wälder.

JURASSISCHE LANDSCHAFT
Das warme, feuchte Klima führte zu einer üppigen Vegetation und einer Fülle von Lebensformen, darunter auch viele neue Dinosaurierarten.

ORNITHISCHIER
Ornithischier (Vogelbeckendinosaurier) wurden in großer Zahl entdeckt.

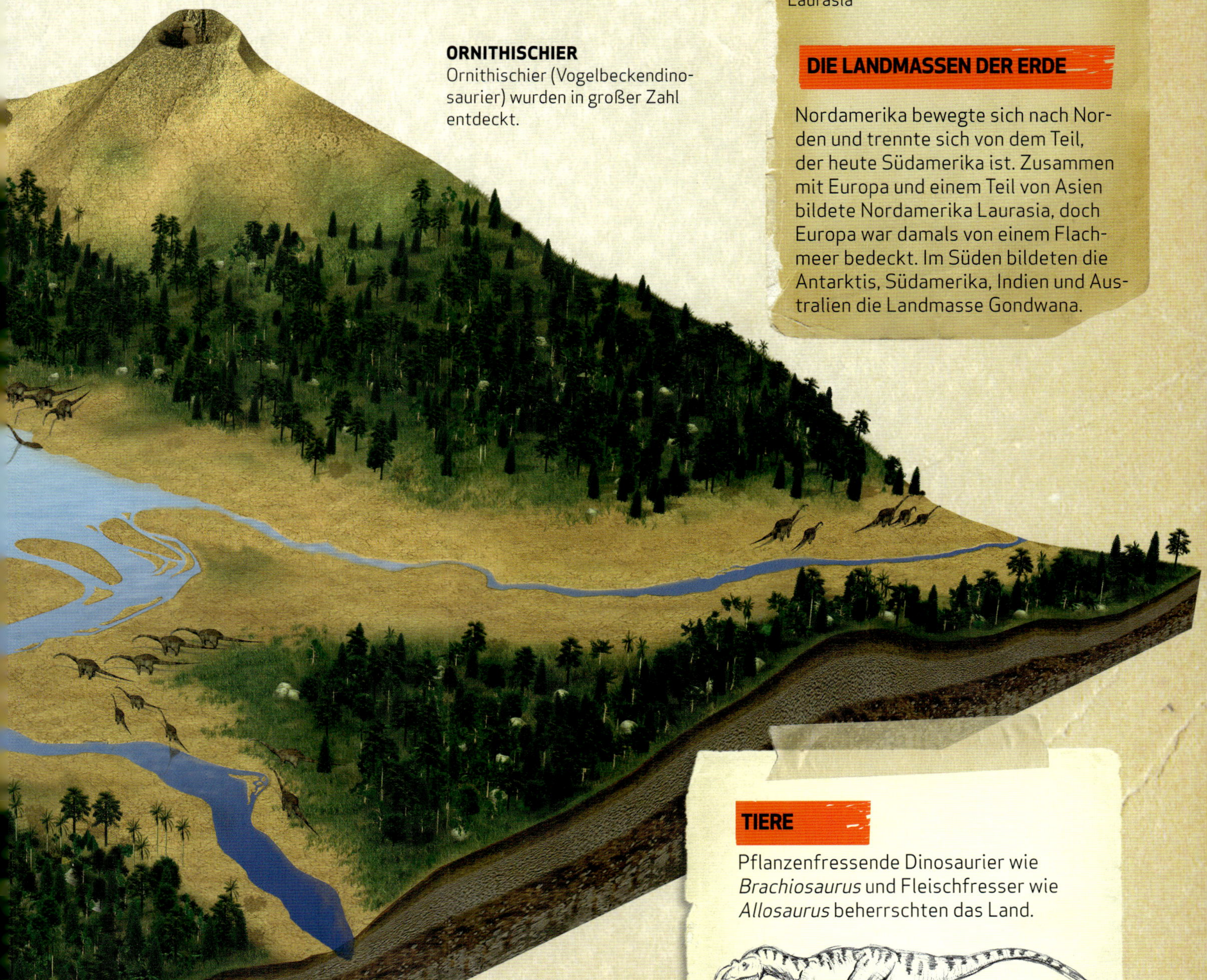

KOHLE
Viele Kohlevorkommen datieren aus dieser Periode.

DIE LANDMASSEN DER ERDE

Nordamerika bewegte sich nach Norden und trennte sich von dem Teil, der heute Südamerika ist. Zusammen mit Europa und einem Teil von Asien bildete Nordamerika Laurasia, doch Europa war damals von einem Flachmeer bedeckt. Im Süden bildeten die Antarktis, Südamerika, Indien und Australien die Landmasse Gondwana.

TIERE

Pflanzenfressende Dinosaurier wie *Brachiosaurus* und Fleischfresser wie *Allosaurus* beherrschten das Land.

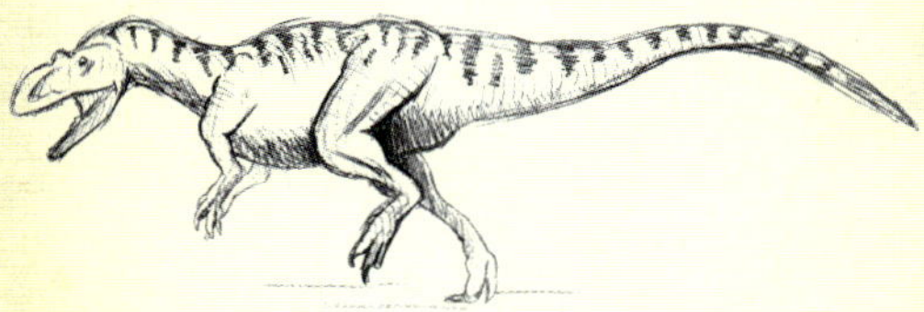

Allosaurus

Die Morrison-Formation

Die Morrison-Formation im Westen der Vereinigten Staaten gehört zu den bedeutendsten Fossilfundstellen der Welt. Tausende fossile Überreste einiger der bekanntesten jurassischen Dinosaurier sind hier gefunden worden.

Die Morrison-Formation besteht aus Sedimentgesteinen, die hier über einen Zeitraum von acht Millionen Jahren im späten Jura abgelagert wurden. Die ersten Fossilien entdeckte man 1877; darunter befanden sich so bemerkenswerte Dinosaurier wie *Stegosaurus, Diplodocus, Brachiosaurus* und *Allosaurus*.
Im späten Jura (Oberjura) herrschte in dieser Region ein warmes, vorwiegend trockenes Klima. An den Flussufern wuchsen niedrige weiche Pflanzen, wie Farne, aber auch Bäume. In den Seen und Flüssen tummelten sich neben vielen Fischarten auch Wirbellose wie Krabben, Schnecken und Muscheln.

Rund um die Seen lebten Frösche, Eidechsen, Schildkröten und Krokodile. Pterosaurier (fliegende Reptilien) hielten nach Fischen Ausschau, und auch die ersten Säugetiere traten hier auf.

Zu den vielen aufsehenerregenden Funden in der Morrison-Formation gehört eine fossile Dinosaurier-Fußspur. Sie ist rund 4 km lang und damit die längste, die jemals entdeckt wurde!

URSPRÜNGE
Diese Felsformationen entstanden durch Ablagerungen, die sich im Bereich einer eingeschlossenen Wasserfläche im Westen von Pangaea bildeten . Die sich ständig verändernde Umwelt mit häufigen Überschwemmungen und Dürren unterstützte die Fossilisierung (Versteinerung) von Knochen.

RIESIGE DINOSAURIER
Aufgrund der Fossilfunde in der Morrison-Formation wissen wir, dass Sauropoden in dieser Region ihre Maximalgröße erreichten. Das könnte an den saisonalen Regenfällen und dem damit einhergehenden erhöhten Angebot an pflanzlicher Nahrung gelegen haben.

KRIEG UM FOSSILIEN
Gegen Ende des 19. Jahrhunderts tobte in der Morrsion-Formation ein wahrer „Knochenkrieg", denn die Paläontologen Othniel C. Marsh und Edward D. Cope lieferten sich um die Entdeckung der wertvollsten Fossilien einen erbitterten Kampf!

NATÜRLICHES DENKMAL
Ein einziger großer Gesteinsblock enthält rund 1500 Knochenfossilien, genau so, wie sie vor 150 Millionen Jahren während einer Überschwemmung begraben wurden!

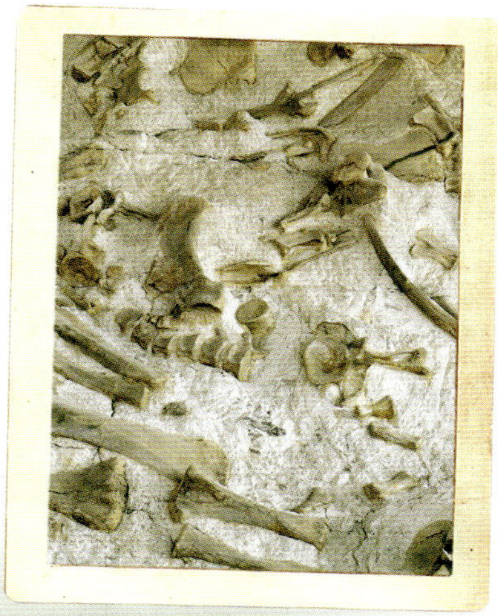

DÜRREPERIODEN
Das Klima im Jura konnte zeitweilig außerordentlich trocken sein. Unter diesen extremen Bedingungen wäre zunächst die Vegetation eingegangen, gefolgt von den pflanzenfressenden und schließlich von den fleischfressenden Dinosauriern.

Erfolgreiche Jäger

Allosaurus gehörte zu den größten Jägern, die in der Morrison-Formation gefunden wurden; er erreichte eine Körperlänge von bis zu 12 m.

Große carnivore Dinosaurier wie *Allosaurus* waren Zeitgenossen der riesigen herbivoren Sauropoden. Dieser Beutegreifer (Prädator) lief auf zwei Beinen und besaß kurze Arme mit kräftigen Klauen. Möglicherweise entwickelten sich die Carnivoren, weil sie die große Menge verfügbarer Fleischnahrung nutzen konnten. Kleine, flinke Carnivoren wie *Ornitholestes* ernährten sich von kleinen Beutetieren oder Aas.

SPURENLESEN
Die Jagdszenen, die hier stattfanden, lassen sich an den Fußspuren ablesen! Es gibt viele Spuren, die zeigen, wie carnivore Dinosaurier Sauropoden angriffen.

ALLOSAURUS

In der Morrison-Formation sind fast 60 komplette *Allosaurus*-Skelette gefunden worden!

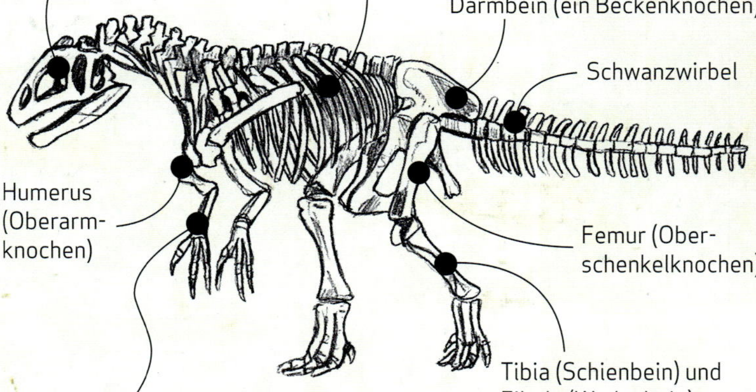

ANPIRSCHEN AN DIE BEUTE
Der herbivore *Camptosaurus*, ein enger Verwandter des *Iguanodon*, gehörte zu den Beutetieren von *Allosaurus*.

VIELE FLEISCHFRESSER

In der Region wurde eine große Zahl verschiedener theropoder Dinosaurier gefunden – nicht nur Skelette, sondern auch versteinerte Fußspuren und Ausscheidungen (Kot). Weitere Hinweise geben die Zahnspuren, die diese Prädatoren an den Knochen ihrer Opfer hinterließen. Die am besten bekannten Carnivoren sind *Allosaurus, Ceratosaurus* und *Torvosaurus.*

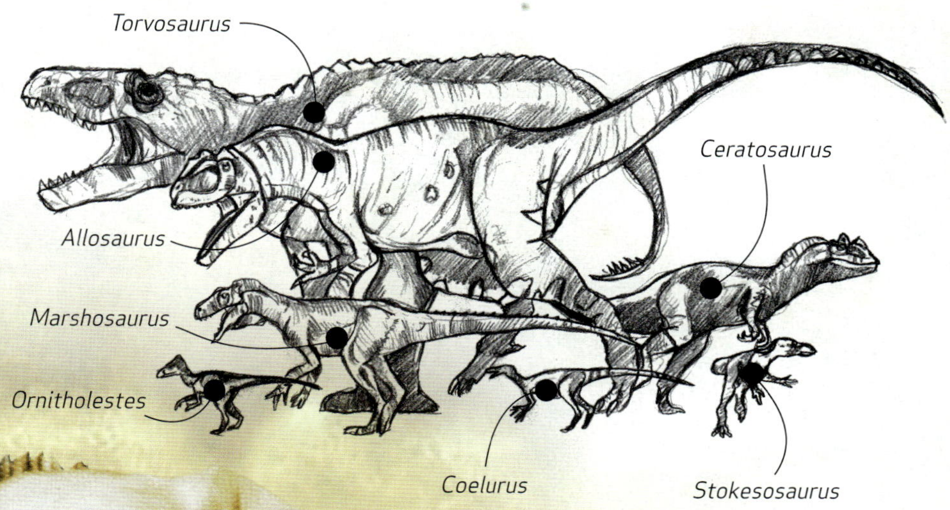

VERGLEICH

In der Morrison-Formation sind die vollständigen Skelette vieler Theropoden gefunden worden. Dank dieser Entdeckungen konnten Paläontologen den Körperbau verschiedener Dinosaurier sehr genau rekonstruieren. Zu den größten gehörten *Torvosaurus* und *Allosaurus*, zu den kleineren *Stokesosaurus, Ornitholestes, Coelurus* und *Tanycolagreus.*

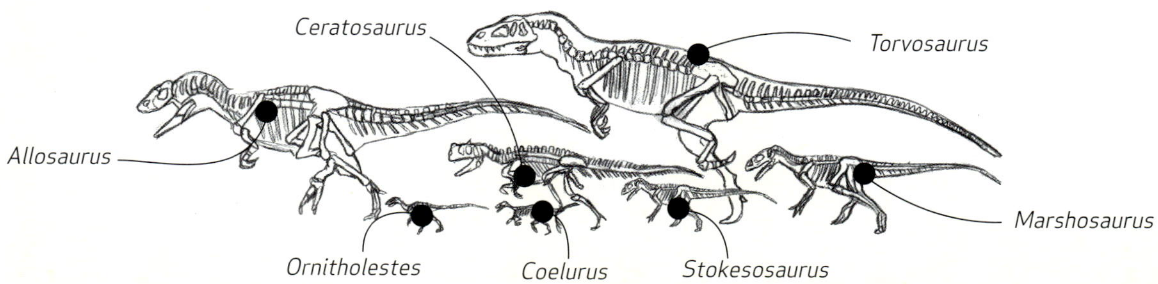

Stegosaurus

Dieser gepanzerte Dinosaurier lebte vor 145 Millionen Jahren in Nordamerika, doch seine Verwandten wurden auf mehreren anderen Kontinenten entdeckt. Stegosaurus ernäherte sich von niedrigen Pflanzen, die er in seinem großen Magen verdaute.

Zu Beginn des Jura tauchten zweibeinige Tiere von weniger als 1 m Länge auf. Das waren die Thyreophoren („Schildechsen"). Diese Vogelbeckendinosaurier trugen Knochenschuppen, die ihnen Schutz vor Angreifern boten. Die bekannteste Gattung ist *Scutellosaurus*, dessen Körper von kleinen, zapfenförmigen Schuppen bedeckt war. Diese kleinen Formen waren die Vorläufer der Stegosauriden und der Ankylosauriden, die größer waren und eine dickere, aufwendigere Panzerung trugen. Bei den Stegosauriden waren Hals, Rücken und Schwanz gepanzert, und zwar mit Stacheln und mit Schuppen in Form von großen dreieckigen Knochenplatten. Diese Dinosaurier waren Vierfüßer, und ihre Zehen trugen hufartige Klauen. Der urtümlichste Stegosauride war *Huayangosaurus*, der rund 3 m lang war, während Stegosaurus eine Körperlänge von bis zu 9 m erreichte. Zu Beginn der Kreidezeit vor rund 130 Millionen Jahren starben diese Dinosaurier aus, möglicherweise, weil sie der Konkurrenz durch neue pflanzenfressende Arten nicht gewachsen waren.

GATTUNG: STEGOSAURUS
SYSTEMATIK: ORNITHISCHIA, THYREOPHORA, STEGOSAURIDAE

LÄNGE 9 m
GEWICHT 5000 kg
ERNÄHRUNG Pflanzenfresser

TEMPERATURREGULATION
Die Knochenplatten auf dem Rücken von *Stegosaurus* hatten eine große Oberfläche. Vermutlich waren sie an der Regulierung der Körpertemperatur beteiligt.

SCHWANZSTACHELN
Die Stacheln am Schwanzende von *Stegosaurus* waren sehr spitz und wiesen zur Seite.

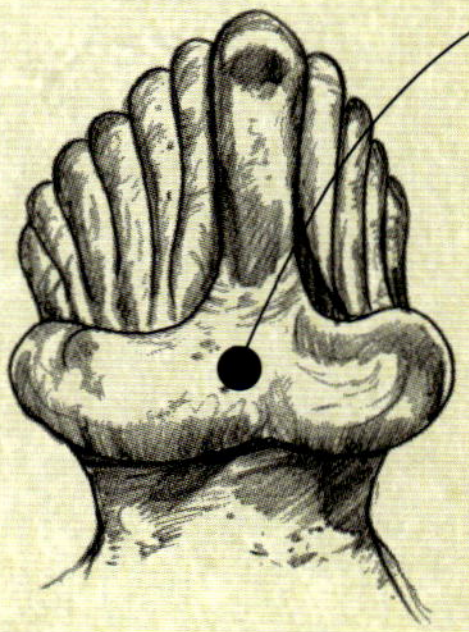

ZÄHNE
Die Zähne von *Stegosaurus* waren nicht groß genug, um seine Nahrung zu kauen! Die Nahrung wurde vielmehr verschlungen und im Verdauungssystem abgebaut.

VERBREITUNG
Stegosaurus-Fossilen sind in Gesteinsablagerungen in den Vereinigten Staaten gefunden worden, die in den späten Jura zurückdatieren.

Stegosaurier-Fossilien sind auch in jurassischem Gestein in Afrika, Portugal und China entdeckt worden.

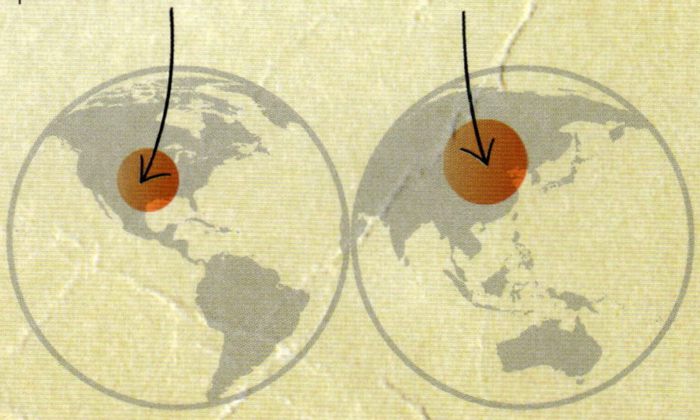

Stegosaurus

Stegosauriden besaßen an den Vorderbeinen fünf, an den Hinterbeinen drei Zehen. Ihren Kopf trugen sie nahe am Boden, sodass sie niedrige Pflanzen abweiden konnten.

Die Platten auf dem Rücken der Stegosauriden erfüllten mehrere Aufgaben. Zum einen dienten sie zum Schutz, zum anderen aber auch, um sich zur Schau zu stellen und mit den übrigen Herdenmitgliedern zu kommunizieren. An der Oberfläche der großen Platten verliefen Blutgefäße, daher spielten sie wahrscheinlich auch eine wichtige Rolle für die Temperaturregulation der großen Tiere.

Am Schwanzende trug *Stegosaurus* zwei Paar langer Stacheln, die er zur Verteidigung einsetzte.

Der Hirnschädel von *Stegosaurus* war sehr klein, doch eine große Aushöhlung in der Beckenregion des Wirbelkanals, durch den das Rückenmark verläuft, hat zu der Vermutung geführt, dieser Dinosaurier könne ein „zweites Gehirn“ gehabt haben.

LEBEN ALS SAUROPODE
Die Stegosauriden lebten im ausgehenden Jura mit großen Sauropoden zusammen, wie *Diplodocus, Camarasaurus* und *Apatosaurus*. Sie alle waren stets in Gefahr, von Fleischfressern wie *Ceratosaurus* und *Allosaurus* angefallen zu werden.

STAMMBAUM

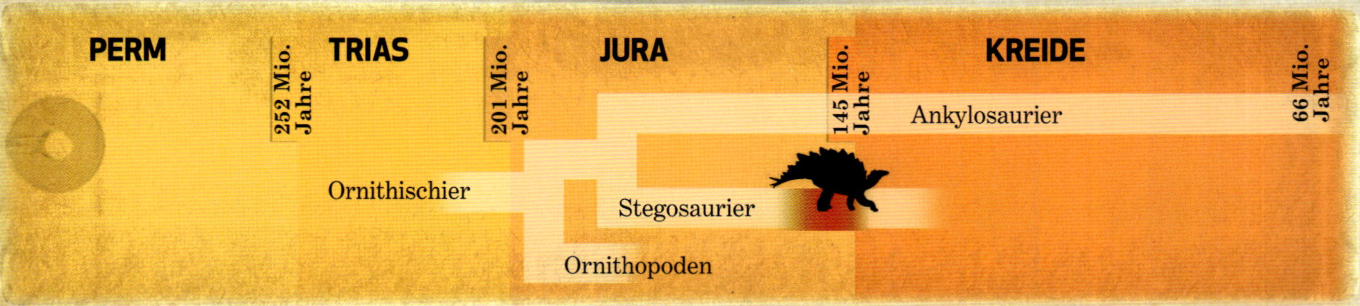

DER ENTDECKER
Stegosaurus wurde 1897 von Othniel C. Marsh entdeckt und benannt. Marsh hielt ihn für ein schildkrötenähnliches Wesen, daher nannte er ihn *Stegosaurus*, was so viel wie „Eidechse mit Dach" bedeutet, denn er hielt die Knochenplatten für eine Art Dachziegel.

STEGOSAURIDEN ÜBERALL

Fossilien anderer Vertreter der Stegosauriden sind rund um die Welt gefunden worden. Dazu gehören *Huayangosaurus* und *Wuerhosaurus* im heutigen China, *Miragaia* in Portugal und *Kentrosaurus* in Tansania.

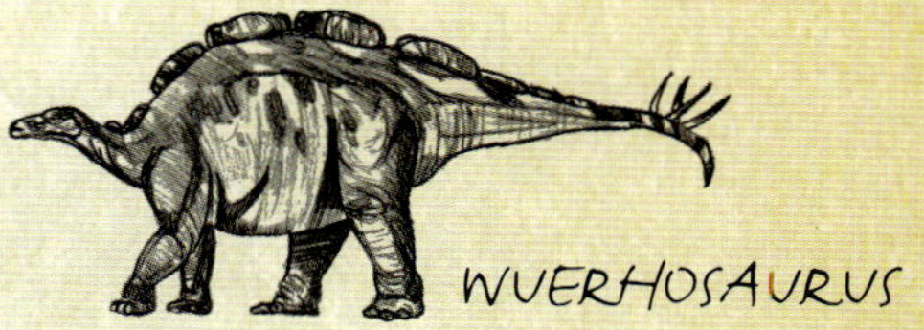

BEUTE UND BEUTEGREIFER
Einige Stegosaurierarten verteidigten sich durch wuchtige Schwanzschläge.

TÖDLICHER SCHWANZ
Kentrosaurus schwang seinen langen, stachelbewehrten Schwanz von der einen zur anderen Seite.

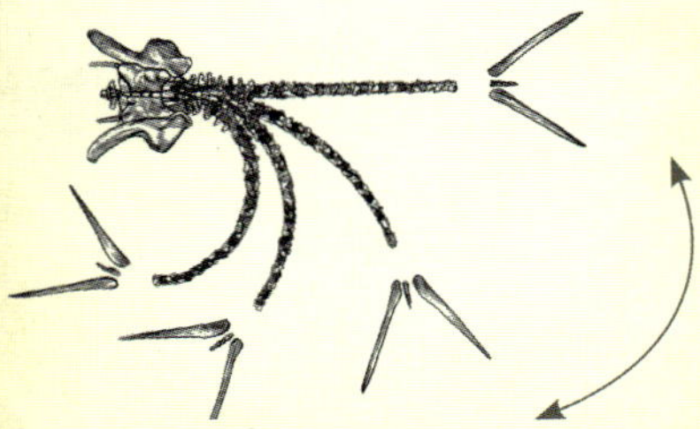

Stegosaurus

SKELETT
Der Rücken war gewölbt, die Vorderbeine kurz, und der Kopf war klein und wurde in Bodennähe getragen. Der Schwanz ist kräftig gewesen.

STACHELN AUF DEM SCHWANZ
Stegosaurus benutzte seinen Schwanz als Waffe und zielte direkt auf den Angreifer.

Langhalsige Dinosaurier

Die sauropoden Dinosaurier waren die gigantischsten Tiere, die jemals über die Erde gewandelt sind. Sie drangen bis in alle Winkel der Welt vor und waren in Gondwana die häufigsten Vertreter der Pflanzenfresser. Einige von ihnen erreichten die unglaubliche Länge von 35 Metern!

Sauropoden tauchten gegen Ende der Trias vor rund 200 Millionen Jahren auf. Sie wurden zu den dominierenden Herbivoren des Mesozoikums und erreichten ihren Gipfel im Jura.

Das Wort „Sauropoda“ bedeutet so viel wie „Eidechsenfuß“; die Sauropoden verdanken diesen Namen den fünf kurzen Zehen an ihren Hinterbeinen. Diese Zehen unterschieden sich deutlich von den schlanken Füßen der Theropoden und Ornithopoden, die an eine rasche Fortbewegung angepasst waren. Die Sauropoden waren Quadrupeden – sie liefen auf vier Beinen. Einige konnten sich auf ihren Hinterbeinen aufrichten, um Baumwipfel zu erreichen oder um sich zu verteidigen.

Ihre Köpfe waren im Vergleich zu ihren Körpern klein, und sie besaßen verschiedene einfache Zähne.

HALS
Die Sauropoden besaßen die längsten Hälse aller Dinosaurier, und einige Arten verfügten über bis zu 17 Halswirbel! Ihr langer Hals half ihnen, auch das weitere Umfeld zu beobachten und Gefahren wie Fressfeinde frühzeitig zu entdecken. Zudem konnten sie damit in den Baumwipfeln nach Blättern und Früchten suchen. Die Wirbel wiesen Luftsäcke auf, die dabei halfen, den langen Hals zu stützen und zu stabilisieren.

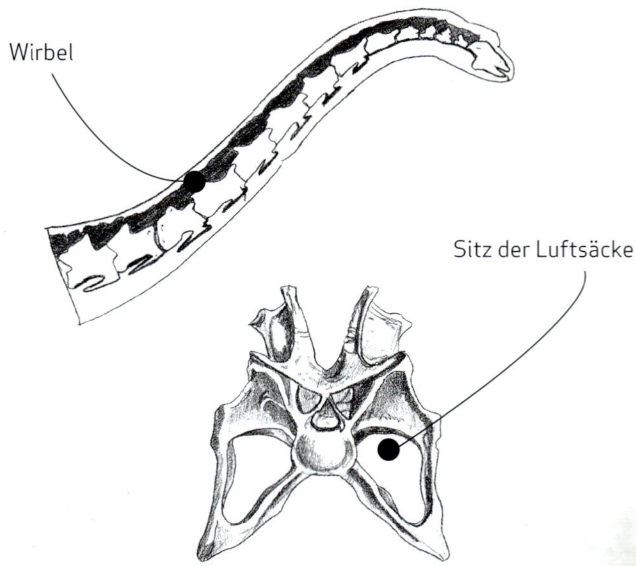

AUFRICHTEN
Einige Sauropoden konnten sich möglicherweise auf die Hinterbeine aufrichten und sich dabei mit dem Schwanz wie einem zusätzlichen Bein abstützen!

VERSTÄRKTER HALS
Der Hals wurde zusätzlich durch ein bindegewebiges Band (Ligament) gestützt, das über seine ganze Länge verlief. Dieses Ligament sorgte gleichzeitig für Festigkeit als auch Flexibilität und unterstützte so die Halsbewegungen des Dinosauriers.

STARKER RÜCKEN
Man nimmt an, dass sich *Diplodocus* dank seiner kräftigen Rückenmuskulatur bei Gefahr auf die Hinterbeine erheben konnte, doch das wissen wir nicht sicher.

SCHÄDEL UND ZÄHNE

Bei den Sauropoden schwankte die Kopfgröße beträchtlich. *Diplodocus* hatte einen langen Schädel mit Zähnen am vorderen Ende der Schnauze. *Camarasaurus* hatte einen kurzen Schädel mit großen Nasenhöhlen und Zähne auf dem gesamten Kieferbogen.

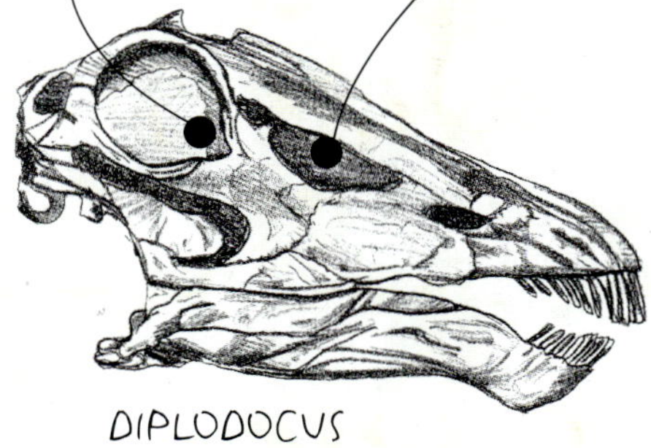

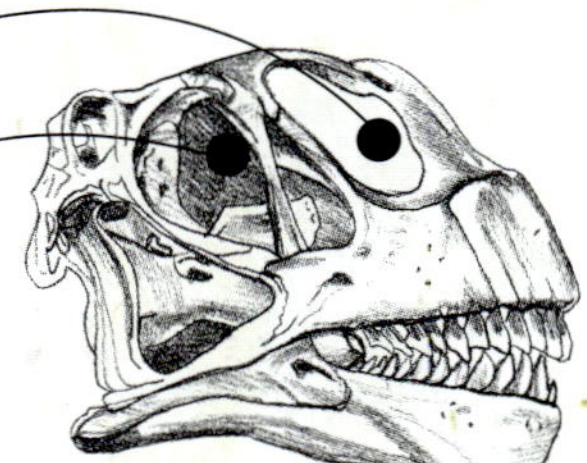

PEITSCHENSCHWANZ
Sauropoden verteidigten sich mit plötzlichen Bewegungen ihres peitschenartigen Schwanzes.

Diplodociden und Macronaria

Der späte Jura (Oberjura) war das „Goldene Zeitalter" der Sauropoden. Zu diesem Zeitpunkt hatten sich die beiden wichtigsten Typen dieser Gruppe herbivorer Dinosaurier entwickelt: die Diplodociden und die Macronaria.

Tie Diplodociden hatten breite Schnauzen, die nur im vorderen Teil bezahnt waren, ganz ähnlich wie ein Rechen! Zu dieser Gruppe zählen aber auch *Brachytrachelopan*, der einen viel kürzeren Hals hatte, und *Amargasaurus*, der große Stacheln auf dem Rücken trug.

Zu den macronarischen („große Nase") Sauropoden gehörten die größten Sauropoden überhaupt – die Titanosaurier! In der Kreidezeit durchstreiften viele Formen dieser gigantischen Dinosaurier Südamerika in großer Zahl. Alle haben große Nasenöffnungen, und ihre Skelette sind massiver gebaut als die irgendeiner anderen Dinosauriergruppe.

Titanosaurier wie *Puertasaurus* konnten Körperlängen zwischen 30 und 35 m erreichen. Im Gegensatz zu den Diplodociden, die ihren Schwanz als Peitsche benutzten, waren die Schwänze der Titanosaurier kürzer und dienten als Stütze, wenn die Tiere sich auf den Hinterbeinen aufrichteten.

Die Titanosaurier sind die einzigen Sauropoden, die bis zum Ende des Mesozoikums überlebten.

AUSNAHME VON DER REGEL
Brachytrachelopan war eine Ausnahme unter den Sauropoden, da er recht klein und sein Hals außerordentlich kurz war. Er lebte im Jura in Patagonien.

SCHUTZ
Einige Titanosaurier, wie *Neuquensaurus*, trugen auf ihrem Rücken kleine Platten. Diese Platten bildeten einen gewissen Schutz gegen Angriffe von Prädatoren wie *Abelisaurus* und *Austroraptor*.

GROSS UND KLEIN

Brachytrachelopan war einer der kleinsten Diplodociden, während *Diplodocus* einer der größten war.

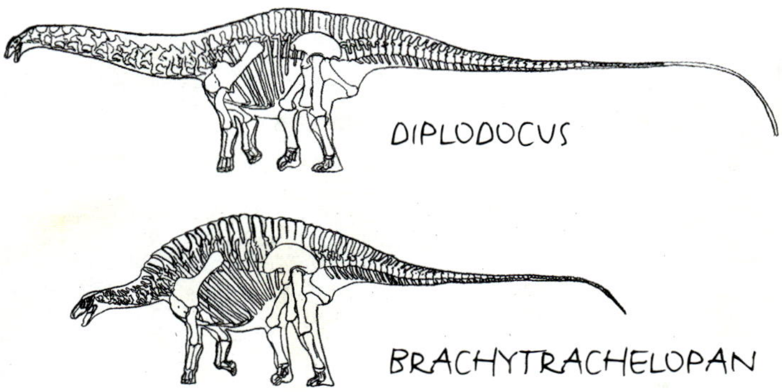

KÖRPERBAU
Brachytrachelopan hatte einen gewölbten Rücken und trug seinen Kopf nahe am Boden.

EINGESCHRÄNKTER SPEISEPLAN
Brachytrachelopan weidete niedrige Vegetation ab, weil er nicht hoch hinaufreichen konnte.

GROSSE RIESEN

In der Kreidezeit vor 90 Millionen Jahren lebte *Puertasaurus* in Patagonien. Dieser massige Dinosaurier hatte einen dicken Hals, den er in alle Richtungen bewegen konnte.

LANGER HALS
Puertasaurus konnte die höchsten Baumwipfel mühelos erreichen.

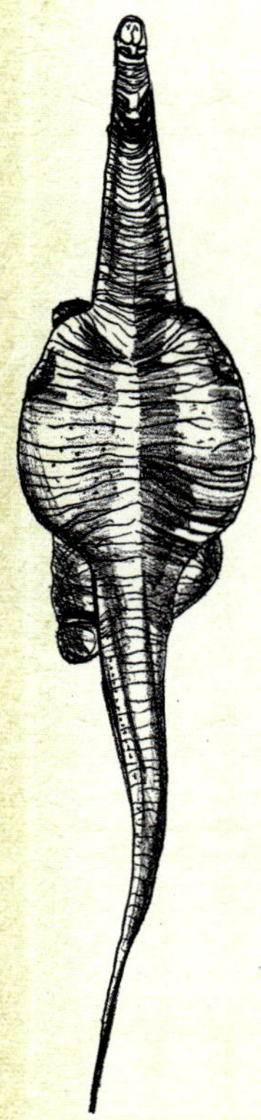

RIESIGER BRUSTKORB
Der Brustkorb (Thorax) war so groß, dass darin ein Afrikanischer Elefant Platz gefunden hätte.

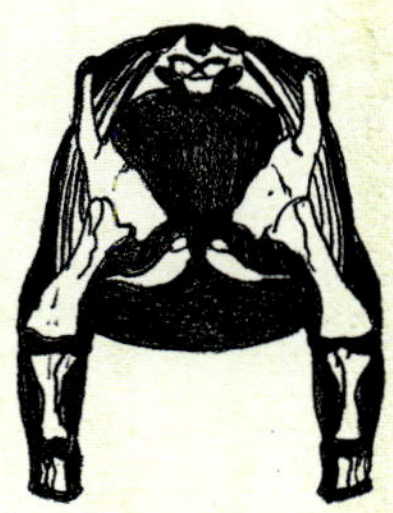

BEINE
Die Beine standen weit auseinander, was dem Körper eine hohe Standfestigkeit verlieh.

Brachiosaurier I

Mit seinem größeren und stärker abgerundeten Körper nahm Brachiosaurus eine Sonderstellung unter den anderen gigantischen Sauropoden ein. Seine Vorderbeine waren länger als seine Hinterbeine, was zu einem gewölbten Rücken führte. Dieses Merkmal verlieh Brachiosaurus ein recht seltsames Aussehen.

Die Fossilien von *Brachiosaurus altithorax* wurden 1902 von Elmer Riggs in der Morrison-Formation in spätjurassischen Ablagerungen entdeckt. Der Name *Brachiosaurus* („Armechse“) spielt darauf an, dass die Vorderbeine länger waren als die Hinterbeine; *altithorax* verweist darauf, dass sich der Brustkorb (Thorax) relativ hoch über dem Boden befand.

Aus Rekonstruktionen des *Brachiosaurus*-Skeletts wird deutlich, dass die Vorderbeine dieses Dinosauriers weiter auseinanderstanden als bei den Diplodociden, und seine Brust war sehr breit. Die Halsmuskulatur war außerordentlich kräftig; sie bewegte und stabilisierte seinen langen, dicken Hals. Die zapfenartigen Zähne lassen vermuten, dass *Brachiosaurus* das Grün hoch oben in den Baumwinkeln abweidete. Seinen Kopf könnte er bis zu 10 m über dem Boden getragen haben.

Vermutlich lebten *Brachiosaurus*-Arten in Herden und unternahmen auf der Nahrungssuche möglicherweise lange Wanderungen, wie es Elefanten heute tun.

LÄNGE 26 m
GEWICHT 23 000 kg
ERNÄHRUNG
Pflanzenfresser

HALS
Brachiosaurus hatte so einen langen Hals, dass Fressfeinde ihn kaum in die Kehle beißen konnten.

ZEHEN MIT KLAUEN
Brachiosaurus hatte nur eine einzige Klaue am ersten Zeh eines jeden Fußes. Diese Klaue wurde möglicherweise zur Verteidigung eingesetzt.

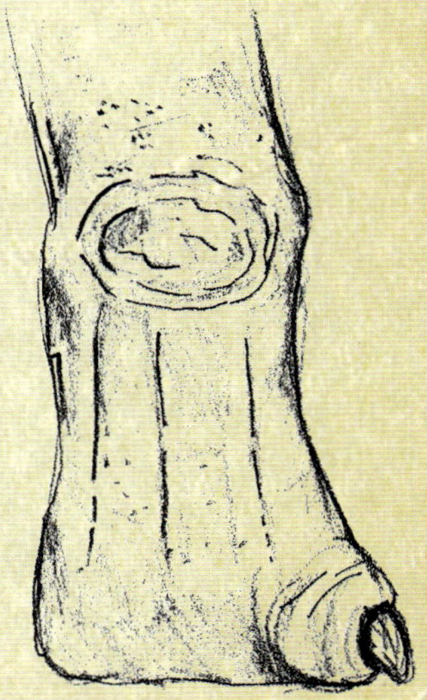

VERBREITUNG
Brachiosaurus wurde im Westen der Vereinigten Staaten in Ablagerungen aus dem späten Jura entdeckt.

Giraffatitan, ein Verwandter von *Brachiosaurus*, wurde in der Tendaguru-Formation ausgegraben, einer berühmten Fundstelle in Tansania.

Brachiosaurier 2

Giraffatitan („Titan-giraffe“) ist der am besten bekannte Brachiosaurier, denn in Afrika, in Tansania, sind viele Fossilien der Gattung gefunden worden. Er gehört zu den größten Dinosauriern, die wir kennen.

Der Dinosaurier wurde 1914 von einem deutschen Paläontologen benannt und in die Gattung *Brachiosaurus* gestellt, doch George Olshevsky erhob *Giraffatitan* 1991 in den Rang einer eigenen Gattung.

Zwar gehört *Giraffatitan* wohl in eine andere Gattung als *Brachiosaurus*, dennoch ähnelte er seiner Schwestergattung wahrscheinlich in der Lebensweise und ernährte sich von Laub in den Baumkronen. Die Anordnung seiner Zähne war bestens dazu geeignet, das weiche Grün von den jurassischen Bäumen abzufressen.

HUMERUS
Der Humerus (Oberarmknochen) von *Giraffatitan* war dünn und maß über 2 m; er war ebenso lang wie sein Femur (Oberschenkelknochen)! Die und der lange Hals gaben dem Körper das Aussehen einer Giraffe.

DIE ENTDECKUNG
Zwischen 1909 und 1912 grub der deutsche Paläontologe Werner Janensch in Tansania Skelette von *Giraffatitan*, *Stegosaurus*, *Kentrosaurus* und dem theropoden Dinosaurier *Elaphrosaurus* aus.

STAMMBAUM

SCHÄDEL

Der Schädel von *Giraffatitan* ähnelte dem von *Camarasaurus*, doch er hatte eine breitere Schnauze und größere Nasenöffnungen.

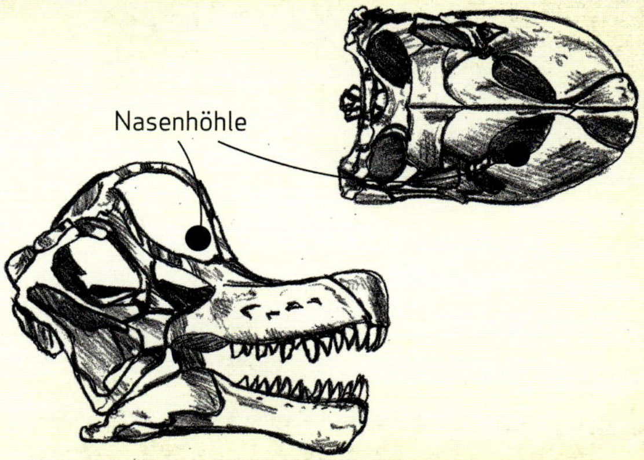

MEISSELZÄHNE
Giraffatitan hatte meißelförmige Zähne, die gut für seine pflanzliche Ernährung geeignet waren.

RÜCKENWIRBEL
Giraffatitan hatte verstärkte Gelenke, um sein Körpergewicht zu tragen.

Brachiosaurier 3

GIRAFFENARTIGES AUSSEHEN
Brachiosaurus sah wie eine Giraffe aus! Der Vorderkörper war höher als der Hinterkörper, und der Hals ragte nach oben.

KURZER SCHWANZ
Brachiosaurus hielt seinen kurzen Schwanz. beim Gehen abgespreizt.

BECKEN
Die Hinterbeine bewegten sich mithilfe kräftiger Muskeln, die an den Beckenknochen ansetzten.

SPEISEN IN LUFTIGER HÖHE
Im Jura waren die Araukarien die höchsten Bäume und dienten vielen Pflanzenfressern als Nahrung. *Brachiosaurus* konnte seinen Hals bis zu 10 m hoch ausstrecken, um an frisches Grün in den Wipfeln zu gelangen.

RIESEN
Der Hals wies eine leichte Krümmung auf. Der Brustkasten war riesig und ruhte auf kräftigen Beinen.

Dilophosaurus

Dilophosaurus wurde durch den Film *Jurassic Park* weltberühmt. Sein auffälligstes Merkmal sind die beiden Kämme oben auf dem Kopf.

Auch wenn *Jurassic Park* diesen Dinosaurier berühmt machte, zeigte der Film zwei Merkmale, die der tatsächliche *Dilophosaurus* nicht aufwies – die Fähigkeit, Gift zu spucken, und die große kragenartige Hautfalte, die sich wie ein Schirm öffnete!

Dilophosaurus war ein Vertreter einer Familie urtümlicher zweibeiniger Dinosaurier, die gegen Ende der Trias und zu Beginn des Jura lebten. Seine Fossilien sind in Afrika, Nordamerika, Südamerika, Europa und Asien gefunden worden. Das zeigt, dass *Dilophosaurus* weit verbreitet war, als sich der Superkontinent Pangaea bildete.

Zu den urtümlichen Verwandten von *Dilophosaurus* gehörten *Coelophysis, Megapnosaurus, Liliensternus* und *Zupaysaurus*. Sie alle hatten einen langen, niedrigen Schädel mit vielen Zähnen. Die Schnauze war schmal und teilweise vom übrigen Kopf abgesetzt. Der Hals war dünn und beweglich; er konnte rasch vorschnellen, wenn es galt, Beute zu packen.

GATTUNG: DILOPHOSAURUS
SYSTEMATIK: THEROPODA, COELOPHYSOIDEA

LÄNGE 6 m
GEWICHT 500 kg
ERNÄHRUNG Fleischfresser

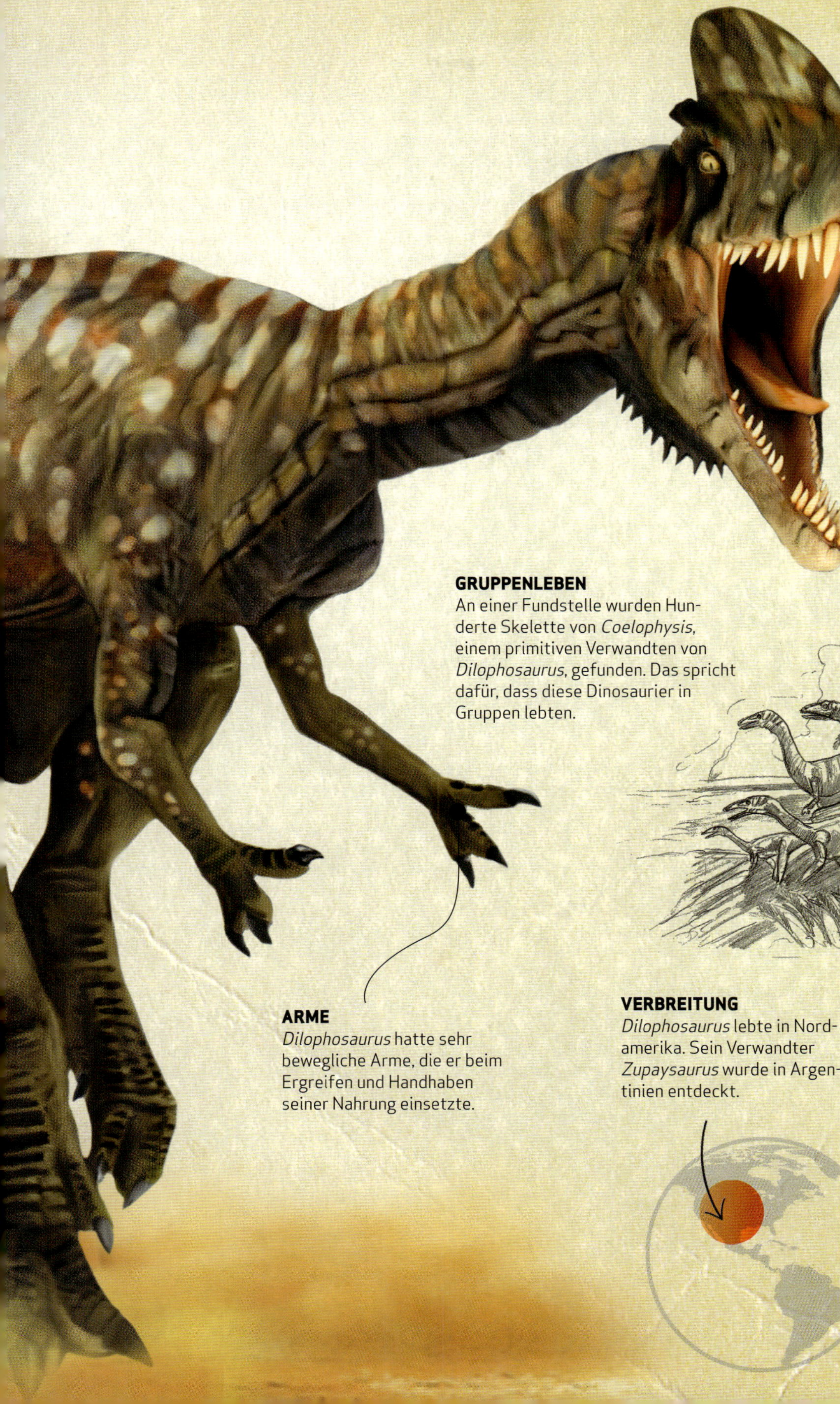

GRUPPENLEBEN
An einer Fundstelle wurden Hunderte Skelette von *Coelophysis*, einem primitiven Verwandten von *Dilophosaurus*, gefunden. Das spricht dafür, dass diese Dinosaurier in Gruppen lebten.

ARME
Dilophosaurus hatte sehr bewegliche Arme, die er beim Ergreifen und Handhaben seiner Nahrung einsetzte.

VERBREITUNG
Dilophosaurus lebte in Nordamerika. Sein Verwandter *Zupaysaurus* wurde in Argentinien entdeckt.

Dilophosaurus sinensis lebte in China und war eng verwandt mit dem nordamerikanischen *Dilophosaurus*.

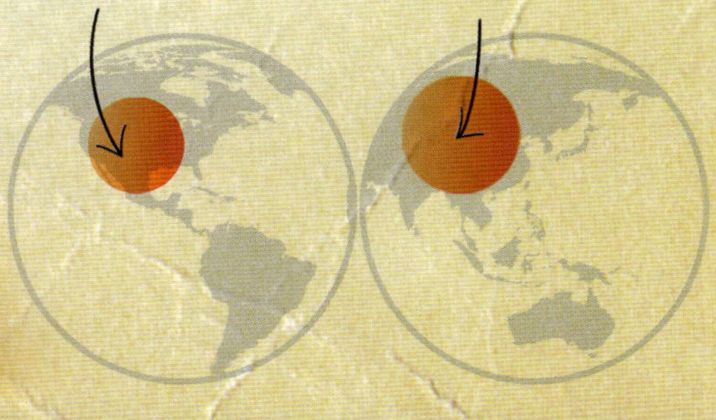

Dilophosaurus

Dilophosaurus war einer der größten Coelophysoiden und konnte eine Körperlänge von 6 m erreichen. Sein Name bedeutet „Zweikammechse“, weil sein auffälligstes Merkmal der komplexe Bau der Kämme auf seinem Kopf war. Sie waren nur wenige Millimeter dick, und man nimmt an, dass sie als individuelles Wiedererkenungsmerkmal und zur Kommunikation untereinander dienten, ähnlich wie Hähne ihre auffälligen Kämme heute verwenden.

Zu Beginn des Jura war *Dilophosaurus* der gefährlichste räuberische Dinosaurier, denn damals gab es keinen größeren Fleischfresser.

ANDERE PRIMITIVE DINOSAURIER

Der theropode *Coelophysis* und der Ornithischier *Scutellosaurus* lebten vor 190 Millionen Jahren beide in Nordamerika. *Scutellosaurus* war ein kleiner Dinosaurier und ein entfernter Verwandter von Ankylosauriern und Stegosauriern.

STAMMBAUM

DER ENTDECKER
Im Jahr 1942 entdeckte der amerikanische Paläontologe Samuel P. Welles ein fast vollständiges *Dilophosaurus*-Skelett. Ein paar Jahre später wurde ein weiteres mit einem annähernd intakten Schädel gefunden.

SKELETT
Viele *Dilophosaurus*-Skelette wiesen beim Ausgraben einen außergewöhnlich guten Zustand auf! Sie liefern uns wichtige Daten über den Körperbau urtümlicher Theropoden.

Dilophosaurus

LANGER SCHWANZ
Dilophosaurus besaß viele Schwanzwirbel. Mit dem Schwanz konnte er seinen Körper ausbalancieren.

HÄNDE
Dilophosaurus hatte drei Finger mit Krallen und einen vierten, der kleiner war – ein Muster, das für den Bau der Hände zukünftiger Theropoden typisch wurde.

BEINE
Die Beine von *Dilophosaurus* waren lang und muskulös. Sie trugen vier Zehen. Drei waren nach vorne gerichtet und eine zur Seite. Dieser Dinosaurier konnte sehr hohe Geschwindigkeiten erreichen.

SCHÄDEL
Der Schädel war lang und trug auf dem Dach zwei Knochenkämme. Die Schädelöffnungen für Nasen- und Augenhöhlen waren groß.

KAMM
Auf dem Kopf saßen zwei auffällige Kämme. Möglicherweise waren sie farbig und halfen den Tieren dabei, sich gegenseitig zu erkennen.

HALS
Dilophosaurus hatte einen langen, s-förmig gebogenen Hals, ähnlich wie die heutigen Vögel. Bei Gefahr hielt er den Kopf hoch, um die Umgebung im Blick zu behalten.

Kreide

Die Kreidezeit war die längste Periode des Mesozoikums; sie dauerte fast 80 Millionen Jahre (Beginn vor 145, Ende vor 66 Millionen Jahren). Damals streiften Dinosaurier aller Art in allen Größen und Formen über die Erde. In den Lüften flogen gewaltige Pterosaurier Seite an Seite mit Vögeln, und es gab auch eine Vielzahl kleiner Fluginsekten wie Bienen und Schmetterlinge.

In der Kreide war das Klima warm und feucht, und selbst die Pole trugen keine Eiskappen. Das heißt, dass der Meeresspiegel hoch war und viele Kontinente von Flachmeeren bedeckt waren. In dieser Periode kam es zu einer regelrechten Explosion verschiedener Lebensformen. Blütenpflanzen traten auf, und die Dinosaurier brachten weiterhin eine Fülle von Formen hervor, darunter gehörnte Dinosaurier wie *Triceratops*, kleine Dinosaurier wie *Velociraptor* und riesige Fleischfresser wie *Tyrannosaurus rex*.

Die Kreidezeit – und mit ihr das Mesozoikum – endete mit einem Massenaussterben, dem alle großen Tiere, darunter auch die Dinosaurier, zum Opfer fielen. Wissenschaftler nehmen an, dass dieses Aussterben durch erhöhte vulkanische Aktivität und den Einschlag eines oder mehrerer Meteoriten auf der Erde ausgelöst wurde. Vermutlich haben der dabei aufgewirbelte Staub und die Asche in der Luft die Sonne für längere Zeit verdunkelt, was katastrophale Folgen für das Pflanzenwachstum und damit auch für die Tierwelt hatte.

PFLANZEN
Blütenpflanzen erschienen vor rund 100 Millionen Jahren. Sie wuchsen an der Seite von Bäumen, die Samenzapfen trugen (Koniferen).

WÄLDER
Wälder gediehen in Gebieten mit feuchtem Klima besonders gut und breiteten sich anschließend in andere Regionen aus.

DIE LANDSCHAFT DER KREIDE
In dieser erdgeschichtlichen Periode war es relativ warm, was zu einem hohen Meeresspiegel und flachen Inlandmeeren führte.

GEBIRGE
In der Kreidezeit begannen sich in Europa Gebirgszüge wie die Alpen zu bilden.

DIE LANDMASSEN DER ERDE

Die Verteilung der Landmassen auf der Erde war ähnlich wie heute. Nordamerika und Europa, Afrika und Südamerika trennten sich. Als sich die beiden amerikanischen Platten nach Westen bewegten, stießen sie mit der Pazifischen Platte zusammen, sodass sich die Plattenränder aufwölbten und riesige Gebirgszüge entstanden.

ERFOLGREICHE DINOSAURIER
In dieser Periode gab es eine Vielfalt von Dinosaurierformen, die sich in großer Zahl über die ganze Erde ausbreiteten.

TIERE

Zwar wurde die Erde in der Kreide von Dinosauriern beherrscht, doch entwickelten sich in dieser Zeit auch viele Säugerarten. *Repenomamus*, dessen Fossilien in Nordchina gefunden wurden, gehörte zu den größten Säugetieren der Kreidezeit.

Die Wüste Gobi

Die Wüste Gobi im Herzen Asiens ist in der ganzen Welt berühmt wegen der gut erhaltenen Dinosaurier-Fossilien, die man dort in großer Anzahl gefunden hat. Die Erforschung dieser Region begann Anfang des 20. Jahrhunderts.

In der Wüste Gobi ist eine riesige Anzahl von Wirbeltierfossilien entdeckt worden. Der außerordentlich gute Zustand dieser Fossilien hat Paläontologen darüber spekulieren lassen, ob eine Naturkatastrophe diese Tiere ganz plötzlich begraben haben könnte.

Die erste Expedition in die Gobi fand unter Leitung des amerikanischen Naturforschers Roy Chapman Andrews in den 1920er-Jahren statt. Die ersten versteinerten Dinosaurier-Eier wurden in Flaming Cliffs (mongolisch Bajandsag) gefunden, einem der berühmtesten Fundorte der Gobi. Die Felsformation von Flaming Cliffs bildete sich in einer außerordentlich trockenen Klimaphase. Dutzende von gut erhaltenen Eiern wurden entdeckt – bei einigen von ihnen waren sogar noch Teile der Schale intakt!

Da die häufigste Gattung an dieser Fundstelle *Protoceratops* war, nahm man zunächst an, es handele sich um *Protoceratops*-Eier. Einen anderen Dinosaurier, den man auf einem Gelege Eier begraben fand, hielt man für einen Räuber und nannte ihn *Oviraptor*, „Eierdieb“. Neuere Forschungen in den 1980er-Jahren ergaben jedoch, dass die Eier zu *Oviraptor* und nicht zu *Protoceratops* gehörten!

SPUREN DER VERGANGENHEIT
In den Gesteinsformationen der Gobi sind viele Dinosaurier-Fußspuren entdeckt worden, darunter auch solche, die vermutlich zu *Protoceratops* gehören.

EIN WÜSTENFORSCHER
Roy Chapman Andrews leitete mehrere Expeditionen in die Gobi, die vom American Museum of National History in New York, USA, organisiert und finanziert wurden.

FLAMING CLIFFS
An dieser Fundstelle wurden Dutzende Überreste versteinerter Eier gefunden. Zwar könnte es sein, dass *Protoceratops* seine erhöhten Nester hier gebaut hat, doch man nimmt inzwischen an, dass die in Flaming Cliffs gefundenen Eier zu *Oviraptor* gehörten.

Ursprung der Vögel

Über den Ursprung der Vögel ist viel diskutiert worden. Viele Paläontologen nehmen heute an, dass Vögel mit fleischfressenden zweibeinigen Dinosauriern verwandt sind. Die beiden Gruppen ähneln sich, was Knochengerüst, Federn, Eier und Verhalten angeht. Die eingehendsten Untersuchungen lassen vermuten, dass Maniraptoren (eine Gruppe, zu der auch die Oviraptoren gehören) die direkten Vorfahren der Vögel sind.

BRÜTEN
Einige oviraptoride Skelette sind oben auf Nestern hockend gefunden worden. Das beweist, dass diese Dinosaurier ihre Gelege bebrüteten, um sie zu wärmen und den Jungen beim Schlüpfen zu helfen.

REPTILIENERBE

Maniraptoren und Theropoden weise viele anatomische Ähnlichkeiten mit Vögeln auf, was sich an ihrem Skelett ablesen lässt.

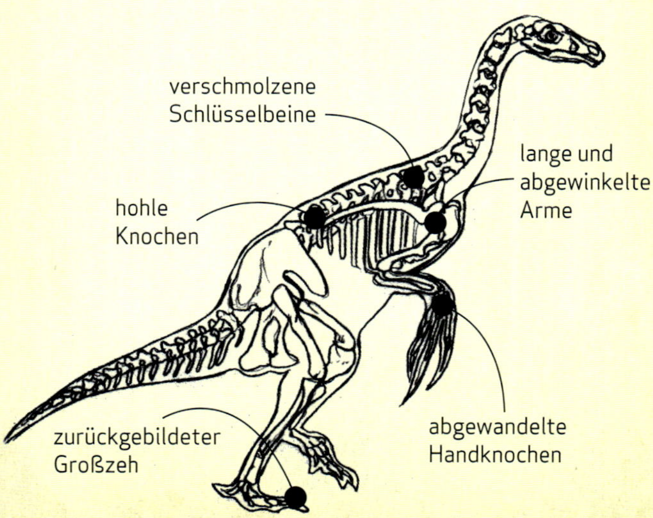

„HÜHNERNACHAHMER“
Der theropode Dinosaurier *Gallimimus* erhielt seinen Namen „Hühnernachahmer“, weil er stark heutigen Laufvögeln ähnelte.

FEDERKLEID
Knochen mit winzigen Erhebungen, die 2007 gefunden wurden, zeigen eindeutig, dass *Velociraptor* Federn trug!

FEDEREVOLUTION

Anfangs bestand der Zweck von Federn zunächst darin, einen Wärmeverlust des Körpers zu verhindern. Später erst wurden sie zum Fliegen eingesetzt.

In einer Hülle wächst ein kleiner Zapfen heran.

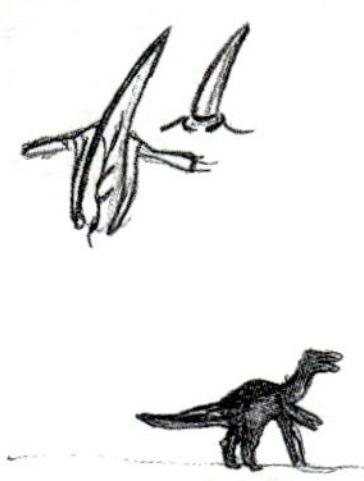

Beipiaosaurus

An dem Zapfen bilden daunenartige Fortsätze.

Sinosauropteryx

Es entwickeln sich verzweigte Auswüchse.

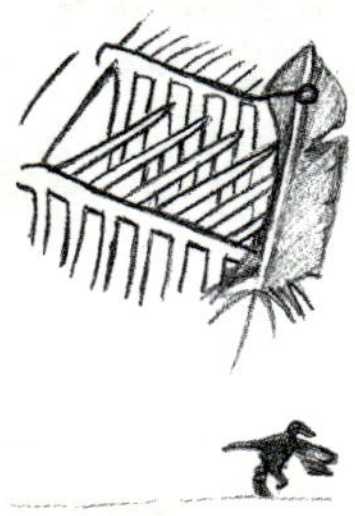

Sinornithosaurus

An den Auswüchsen bilden sich Häkchen.

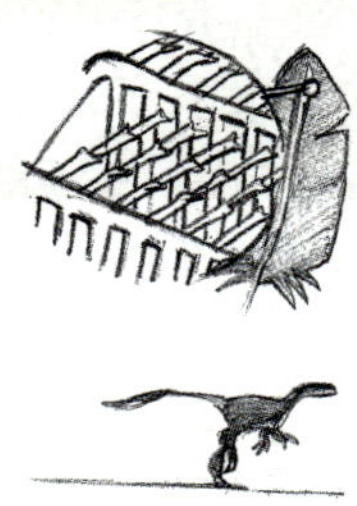

Caudipteryx

Die Federn sehen wie heutige Federn aus.

Archaeopteryx

Spinosaurus

Spinosaurus war ein außergewöhnliches Raubtier, das an Land wie auch im Wasser auf Jagd ging. Er gehörte zu den gewaltigsten Theropoden, die jemals über die Erde streiften.

Einige Paläontologen nehmen an, dass *Spinosaurus* eine Körperlänge von 18 m und ein Gewicht von rund 8 t erreicht haben könnte, was sowohl *Tyrannosaurus rex* als auch *Gigantosaurus* in den Schatten stellen würde! Funde in Niger, Marokko, England und Brasilien haben uns mehr über den Bau und die Lebensweise dieses erstaunlichen Dinosauriers verraten. Zu den besonderen Merkmalen gehört ein gewaltiger, 1,75 m langer Schädel und eine Reihe von Wirbelfortsätzen auf dem Rücken, die bis zu 1,65 m maßen!

Die Spinosauriden waren ein Sondertyp der Theropoden mit langer Schnauze und kegelförmigen Zähnen ähnlich denen von Krokodilen. Wir wissen auch eine ganze Menge über ihre Ernährungsweise. So haben Paläontologen im fossilen Magen des Spinosauriden *Baryonyx* verdaute Reste von Fischschuppen und Knochen wie auch eines jungen *Iguanodon*, eines herbivoren Dinosauriers, gefunden. In Brasilien wurden Zahnspuren eines *Spinosaurus* an den Halswirbeln eines Pterosauriden, eines Flugsauriers, entdeckt. Diese und andere Funde belegen, dass sich Spinosauriden von Fischen, jungen herbivoren Dinosauriern und Flugsauriern ernährten.

GATTUNG: SPINOSAURUS
SYSTEMATIK: THEROPODA, TETANURAE, SPINOSAURIDAE

LÄNGE 12,5 – 18 m
GEWICHT 5000 – 9000 kg
ERNÄHRUNG Fleischfresser

BEINE
Sie waren kräftig genug, um das Körpergewicht zu tragen, das durch das zusätzliche Gewicht seines Rückenaufsatzes beträchtlich war.

ZÄHNE
Die Anzahl der Zähne im Maul lag bei 40, wobei die größten ganz vorn in der Schnauze saßen.

HÄNDE
Der Innenfinger trug eine scharfe, gebogene Klaue, die eine tödliche Waffe darstellte.

VERBREITUNG
In Brasilien wurden die Schädel von *Irritator* und *Oxalaia* gefunden, die zu den größten Spinosauriden gehören.

Baryonyx kam aus England, und die großen Spinosauriden *Suchomimus* und *Spinosaurus* aus Afrika.

Spinosaurus

Spinosaurus war gut an den Fischfang angepasst. Was die Form des Kiefers und der Zähne anging, ähnelte sein Schädel dem von Krokodilen. Wie Krokodile besaß *Spinosaurus* möglicherweise Drucksensoren an der Spitze der Schnauze, die ihm halfen, Beute aufzuspüren, die sich im Wasser bewegte. Das hieß, dass er Fische fangen konnte, ohne sie zu sehen!

Die langen Wirbelfortsätze auf seinem Rücken haben Paläontologen verwirrt. Könnten sie eine Art „Segel“ gebildet haben? Ein Rückensegel hätte zur Kontrolle der Körpertemperatur beitragen können, indem es sich aufwärmte, wenn das Tier seine Breitseite der Sonne bot. Neuere Untersuchungen sprechen jedoch dafür, dass die Wirbelfortsätze auf dem Rücken einen großen Fetthöcker stabilisierten, ähnlich dem Höcker von Kamelen oder des Bisons. Ein solcher Höcker könnte als Energiespeicher dienen und dem Dinosaurier erlauben, Zeiten zu überstehen, in denen Nahrung oder Wasser Mangelware waren.

Spinosaurus teilte seinen Lebensraum mit anderen Fleischfressern wie *Carcharodontosaurus*. *Spinosaurus* ernährte sich von Fisch, *Carcharodontosaurus* hingegen von landlebenden herbivoren Dinosauriern.

DER ENTDECKER
Im Jahr 1912 entdeckte der deutsche Paläontologe Ernst Stromer die ersten *Spinosaurus*-Fossilien in Ägypten. Leider wurde dieses Skelett bei einem Bombenangriff im Zweiten Weltkrieg zerstört.

STAMMBAUM

GUTER SCHWIMMER?

Um genügend Beute zu finden und zu fangen, musste *Spinosaurus* wahrscheinlich ein guter Schwimmer sein.

SKELETT
Das Skelett zeigt, dass *Spinosaurus* ein Zweibeiner war, doch möglicherweise krochen oder ruhten die Tiere auf allen vieren.

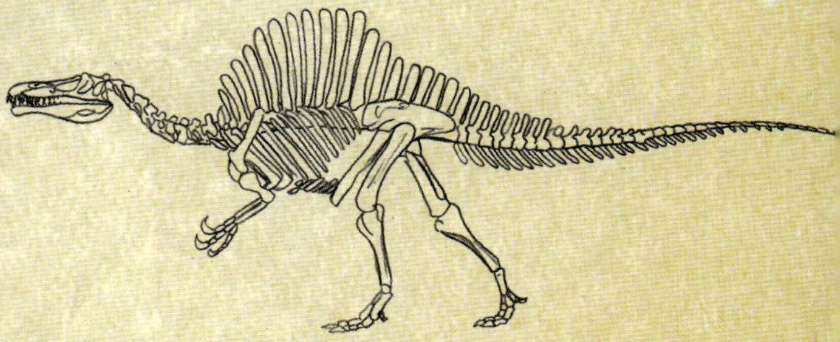

Spinosaurus

RÜCKENSEGEL
Die Wirbelfortsätze, die das Segel stützten, waren sehr lang – mehr als zehnmal so lang wie die Wirbel, aus denen sie herauswuchsen.

Suchomimus

Suchomimus war ein fischfressender Dinosaurier, der die meisten Zeit im Wasser oder in Wassernähe verbrachte. Er erbeutete auch Pterosaurier und andere Dinosaurier. Seine breite Nahrungspalette und einige seiner anatomischen Merkmale weisen Ähnlichkeiten zu heute lebenden Krokodilen auf.

Dieser Dinosaurier wurde in Gesteinsformationen aus der späten Kreide (Oberkreide) in dem afrikanischen Staat Niger gefunden. Das Exemplar war 11–12 m lang, was *Suchomimus* zu einem der größten bekannten Theropoden macht.

Suchomimus ist ähnlich gebaut wie andere Dinosaurier dieser Zeit, beispielsweise *Irritator* und *Oxalaia*, die beide im brasilianischen Südamerika ausgegraben wurden. Das ist nicht überraschend, da Afrika vor 120 Millionen Jahren näher an Südamerika lag als heute. Das bedeutete, dass Dinosaurier, Krokodile und Süßwasserfische von einem Kontinent auf den anderen übergewechselt haben könnten.

Suchomimus hatte rund 100 kegelförmige Zähne mit Kronen, die fest ineinandergriffen und ihm ermöglichten, schlüpfrige Fische sicher zu packen und zu halten. Der Kopf war lang gestreckt und wurde niedrig getragen; die Nasenöffnungen lagen oberhalb der Schnauzenspitze, sodass er selbst dann atmen konnte, wenn die Schnauze unter Wasser lag.

GATTUNG: SUCHOMIMUS
SYSTEMATIK: THEROPODA, TETANURAE, SPINOSAURIDAE

LÄNGE 12 m
GEWICHT 5000 kg
ERNÄHRUNG Fleischfresser

NASENÖFFNUNGEN
Die Nasenöffnungen lagen so hoch, dass der Dinosaurier atmen konnte, während sich seine Schnauze unter Wasser befand.

ARME
Suchomimus hatte sehr kräftige Arme, die ihm bei der Bewegung halfen.

KLAUEN
Die Klauen ähnelten denjenigen von *Baryonyx*, einem primitiveren Verwandten von *Suchomimus*.

VERBREITUNG
Die Überreste zweier Spinosauriden aus der Kreide wurden in Brasilien gefunden: *Irritator* und der gewaltige *Oxalaia*.

Suchomimus wurde in Niger (Afrika) entdeckt, und sein modernster Verwandter, *Spinosaurus*, in Ägypten.

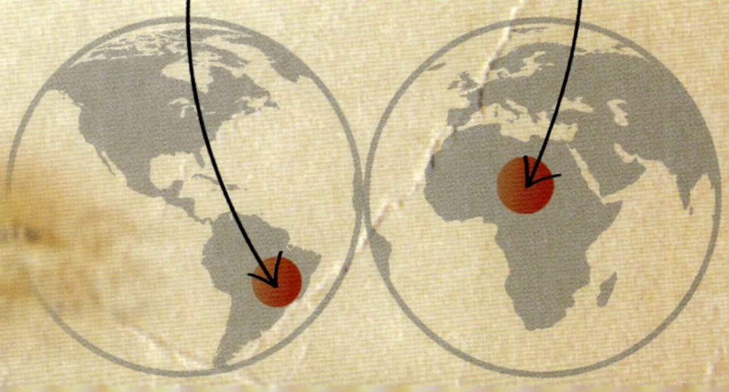

Suchomimus

Suchomimus besitzt ebenfalls Wirbelfortsätze auf dem Rücken, doch sie waren deutlich kürzer als bei *Spinosaurus*. Man nimmt an, dass diese carnivoren Dinosaurier auf ihrem Rücken einen Fetthöcker hatten, um Energie zu speichern. Vermutlich ernährten sie sich hauptsächlich von Fisch, doch wie *Spinosaurus* konnten sie, falls nötig, sicherlich auch andere Tiere fangen und fressen.

Eine interessante Anpassung von *Suchomimus* war die große, sichelförmige Klaue am Daumen. Sämtliche Armknochen waren sehr kräftig, was dafür spricht, dass die Gliedmaßen auch bei der Jagd eingesetzt wurden.

DER ENTDECKER
Suchomimus wurde von Paul Sereno von der Universität von Chicago in den Vereinigten Staaten während einer Sahara-Expedition 1997 gefunden.

STAMMBAUM

ERNÄHRUNG
Der Bau des Kiefers von *Suchomimus*, die Form seiner Zähne und sein versteinerter Mageninhalt sprechen dafür, dass er sich hauptsächlich von Fisch ernährte. Möglicherweise hat er Fische wie diesen *Lepidotes* gefressen.

„KROKODILNACHAHMER“
Suchomimus verdankt seinen Namen seinem Schädel, der demjenigen eines Krokodils mit einer langen, schmalen Schnauze sehr ähnlich sieht.

ARME
Suchomimus hatte lange Arme mit großen, gebogenen Klauen an den Händen.

Suchomimus

HÖCKER
Die Wirbelfortsätze auf dem Rücken stabilisierten einen Höcker ähnlich dem eines Dromedars. Sie waren kürzer als bei *Spinosaurus*, dem Nachfahren von *Suchomimus*.
KRÄFTIGE BEINE
Suchomimus benutzte seine Beine wahrscheinlich auch zum Schwimmen.

SCHÄDEL
Schädel von *Suchomimus* war mehr als 1 m lang.

SCHNAUZE
Suchomimus hatte eine lange Schnauze. Seine Zähne waren ähnlich wie bei heutigen Gavialen (einer Gruppe der Krokodile) angeordnet.

SKELETT
Das erste vollständige *Suchomimus*-Skelett, das entdeckt wurde, war das eines Jungtieres. Voll ausgewachsen war dieser Dinosaurier so groß wie ein *Tyrannosaurus*.

Pflanzenfresser

Pflanzenfressende (herbivore) Arten tauchten bereits früh in der Evolution der Dinosaurier auf. Die sauropodomorphen Dinosaurier und die Ornithischier waren die häufigsten Herbivoren des Mesozoikums.

Gegen Ende der Trias erschienen die beiden wichtigsten Gruppen der pflanzenfressenden Dinosaurier: die Sauropodomorpha und die Ornithischier. Die primitiven Vertreter dieser beiden Gruppen waren klein, und sie zerkleinerten Pflanzen mit ihren blattförmigen Zähnen. Allmählich legten einige sauropodomorphen Dinosaurier an Größe zu. Zu ihren Sauropodennachfahren zählte der langhalsige *Diplodocus* und *Nigersaurus*.

Die Ornithischier waren kleiner als die Sauropoden und ernährten sich von anderem Pflanzenmaterial. Die Iguanodonten wurden zu wichtigen Vertretern dieser Dinosaurierfamilie, und in der Kreidezeit waren sie die häufigsten und am weitesten verbreiteten Herbivoren. Zu den Ornithischiern gehörten auch die Hadrosaurier, große Dinosaurier wie *Ankylosaurus* und *Stegosaurus*, und Dinosaurier mit komplexen Schädeln, wie die Ceratopsiden.

KOPF VON *NIGERSAURUS*

Der Schädel von *Nigersaurus* war ans Weiden angepasst. Er trug den Kopf tief, was ihm durch das sehr geringe Gewicht des Schädels erleichtert wurde. Mit seinen 500 bis 600 Zähnen konnte dieser Dinosaurier die bodennahe Vegetation abweiden. Da diese Vegetation zäh war, nutzten sich diese Zähne rasch ab und mussten häufig ersetzt werden.

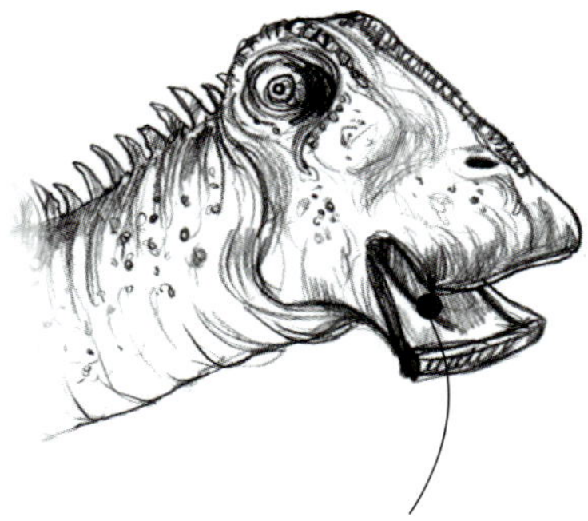

Spatenförmiger Ober- und Unterkiefer

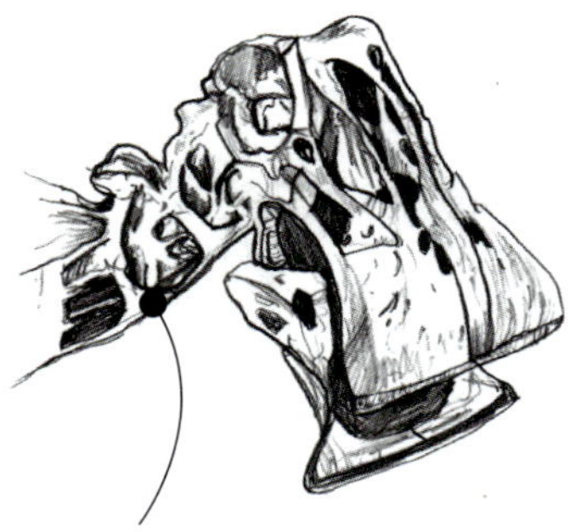

Extrem leichter Schädel

PFLANZENFRESSER-ZAHN
Viele herbivore Dinosaurier hatten kleine Zähne mit gesägten Rändern. Mithilfe dieser Zähne zerlegten sie ihre fasrige Pflanzennahrung vorm Hinunterschlucken in immer kleinere Stücke. So konnten sie ihre Nahrung rascher verdauen.

NANSHIUNGOSAURUS
Dieser seltsame Therizinosaurier aus China hatte einen langen Hals, auf dem ein kleiner Kopf saß.

VERTEIDIGUNG
Wie die Faultiere unserer Tage verteidigten sich Therizinosaurier mit ihren langen, scharfen Klauen.

ÄSEN IN UNTERSCHIEDLICHER HÖHE

Sauropoden konnten das junge Laub höherer Bäume erreichen, während die kleineren Ornithischier die niedrigeren Zweige und Büsche abweideten.

URTÜMLICHE ORNITHISCHIER
Pisanosaurus ist der älteste bekannte Ornithischier. Er lebte gegen Ende der Trias in Argentinien.

Eine der wichtigsten Nahrungsquellen für herbivore Dinosaurier waren Samenpflanzen wie Ginkgos, Kiefern und Araukarien sowie Palmfarne. Diese Pflanzengruppen gediehen prächtig im Mesozoikum, und Sauropoden sowie Ornithischier ernährten sich von ihnen.

Auch Blütenpflanzen gediehen in der Kreidezeit und wurden bald in vielen Lebensräumen zur beherrschenden Pflanzengruppe. Da Laubbäume ihr Laub im Wechsel der Jahreszeiten abwarfen, waren ihre Blätter weniger zäh als diejenigen der meisten Koniferen. Schon bald begannen die Dinosaurier, sich auf diese neue Nahrungsquelle einzustellen, und halfen den Pflanzen, sich rasch auszubreiten, indem sie deren Samen mit ihrem Kot überall verteilten. Die herbivoren Dinosaurier mussten jedoch ihr Gebiss und ihr Verdauungssystem anpassen.

FOSSILE PFLANZEN
Bennettitales war eine Pflanzengruppe, die im Jura und zu Beginn der Kreide häufig war, aber zu Ende der Kreide schließlich ausstarb. Einige Vertreter dieser Gruppe sahen wie heutige Farne aus. Dieses Foto zeigt ein versteinertes Blatt aus der Jurazeit.

Riesige Mägen

Ankylosaurus hatte vielleicht den größten Magen aller herbivoren Dinosaurier. Darauf weist die niedrige, gedrungene Körperform hin. Vermutlich entwickelte Ankylosaurus einen so großen Magen, um ein Höchstmaß an Energie aus dem Laub und den Früchten ziehen zu können, von denen er sich ernährte. Diese Tiere kauten ihre Nahrung nicht; vielmehr wurde sie von ihrem wohlentwickelten Verdauungssystem zersetzt und abgebaut.

WANGEN
Ankylosaurus hatte fleischige Wangen, die denjenigen von Säugetieren ähnelten. Sie halfen ihm, die Nahrung im Maul zu behalten.

MAUL
Die Zähne von *Ankylosaurus* waren winzig, herzförmig und in Reihen am Kieferrand angeordnet.

DAS VERDAUUNGSSYSTEM

Ankylosaurus, die Iguanodonten und die Ceratopsiden verdauten die Nahrung, die sie zu sich nahmen, sehr gründlich, was ihr Wachstum förderte.

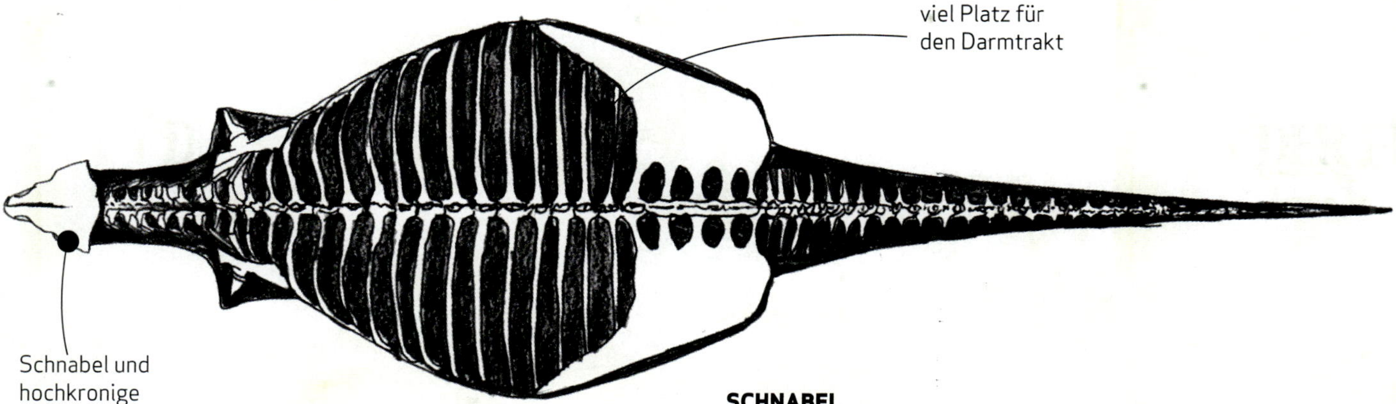

SCHNABEL
Der Schnabel der Cerotopsiden war scharf, um zähes Pflanzenmaterial abbeißen zu können.

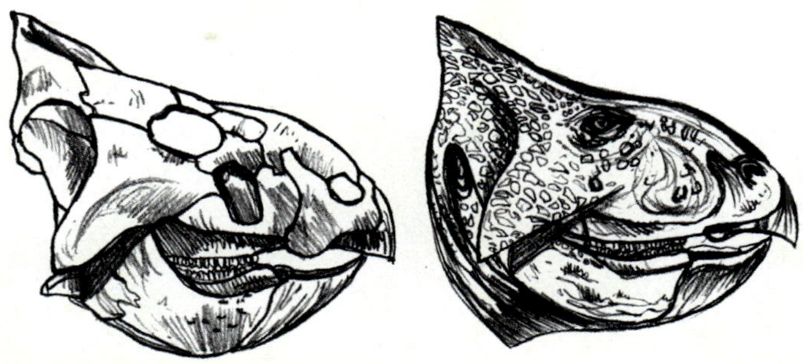

Iguanodon

In vielen verschiedenen Teilen der Welt wurden zahlreiche *Iguanodon*-Fossilien gefunden. Aus den Fossiliendaten lässt sich ableiten, dass sie in Herden lebten und gemeinsam auf Nahrungssuche gingen.

Iguanodon, („Leguanzahn“) war ein Dinosaurier, der in der mittleren Kreide, vor rund 125 Millionen Jahren, in Europa lebte. Er war ein großer, kräftiger Pflanzenfresser, der sich auf zwei oder auf vier Beinen fortbewegen konnte; dann setzte er seine hufartigen Finger auf den Boden.

Erwachsene Tiere maßen rund 10 m; einige erreichten wohl sogar eine Körperlänge von bis zu 13 m. Der Schädel war groß, mit einer schmalen Schnauze, die in einem Schnabel endete.

Zwar wurden erste *Iguanodon*-Fossilien bereits 1822 in England entdeckt, doch der außergewöhnlichste Fund gelang 1878 in einer Kohlemine im belgischen Bernissart: Dort holte man die Knochen von 38 *Iguanodon*-Exemplaren ans Licht. Anhand dieses Materials gelang es dem belgischen Paläontologe Louis Dollo, mehrere Skelette zusammenzusetzen und somit sehr viel mehr über diese Dinosaurier zu erfahren.

LÄNGE 10 m
GEWICHT 5000 kg
ERNÄHRUNG Pflanzenfresser

KAUEN
Der Bau des Schnabels sowie die Kieferbewegungen halfen *Iguanodon*, seine Nahrung gründlich zu zerkleinern.

VERBREITUNG
Iguanodon-Fossilien sind in Europa gefunden worden, und der ungewöhnliche Iguanodontide *Ouranosaurus* wurde in Afrika entdeckt.

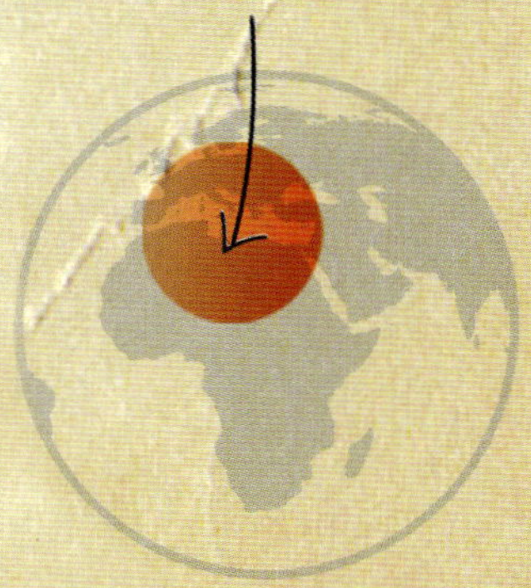

Iguanodon

Die Iguanodontiden werden in die Gruppe der Ornithopoda gestellt. Ornithopoda bedeutet „Vogelfuß“ und verweist auf die Tatsache, dass viele Dinosaurier in dieser Gruppe ähnlich den Vögeln drei Zehen hatten.

Ornithopoden-Fossilien sind auf der ganzen Welt gefunden worden – sogar in der Antarktis! Vertreter dieser Gruppe traten erstmals im mittleren Jura auf und erlebten ihre größte Blüte in der Kreide.

Es gab zwei Hauptlinien: die kleinen, leichten Hypsilophodonten und die weiter fortgeschrittenen, großen und schweren Iguanodonten. Die Hypsilophotonden maßen im Durchschnitt weniger als 2 m. Sie konnten auf ihren Hinterbeinen laufen und daher rasch fliehen, wenn sie angegriffen wurden. Der Schwanz war lang und am Ende verknöchert; er diente wahrscheinlich zum Ausbalancieren beim Rennen auf zwei Beinen.

Zu den Iguanodonten gehörten *Iguanodon bernissartensis* wie auch dessen enge Verwandte *Dryosaurus, Camptosaurus* und *Talenkauen.*

OURANOSAURUS

Dieser Iguanodont lebte in der frühen Kreidezeit in Afrika. Er besaß einen großen Fetthöcker auf dem Rücken, der von Fortsätzen seiner Rückenwirbel stabilisiert wurde.

DER ENTDECKER
Iguanodon war (nach *Megalosaurus*) erst der zweite Dinosaurier, der einen wissenschaftlichen Namen erhielt. Er wurde von dem britischen Naturforscher Gideon Mantell in den 1820er-Jahren entdeckt und benannt.

STAMMBAUM

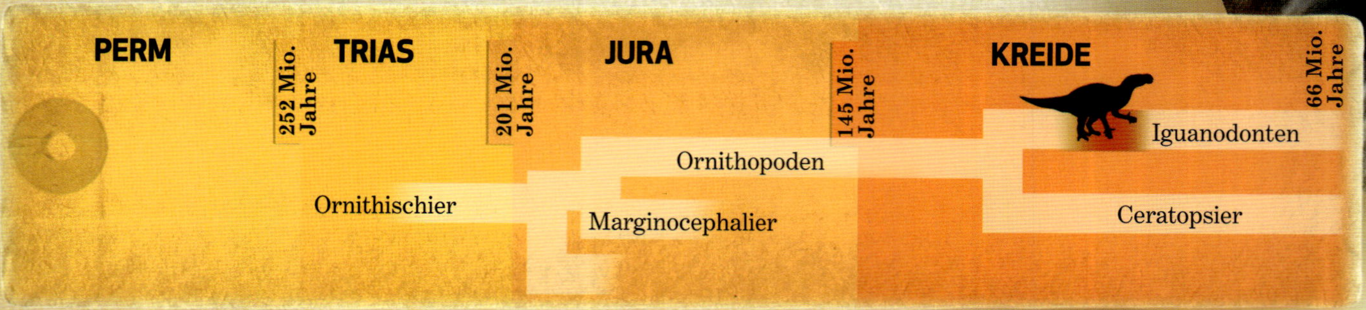

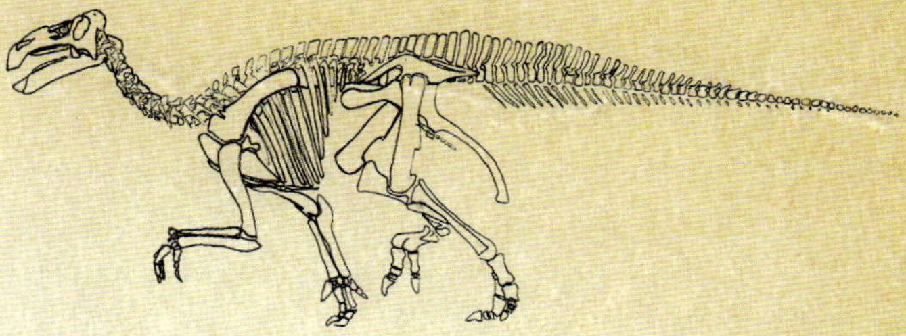

SKELETT
Die Hinterbeine waren sehr kräftig; sie mussten das gesamte Körpergewicht allein tragen, wenn *Iguanodon* sich aufrichtete.

DAUMEN MIT DORN
Der Daumen von *Iguanodon* endete in einem dicken Dorn. Als die ersten *Iguanodon*-Fossilien gefunden wurden, nahm man an, der Daumendorn sei ein Horn und habe auf der Nase des Tieres gesessen!

Iguanodon

LEGUANZAHN
Die Zähne von *Iguanodon* waren in langen Reihen seitlich im Maul angeordnet. Sie ähnelten den Zähnen moderner Leguane, waren aber viel größer.

HÄNDE
Die Hände waren kräftig und relativ starr. Der große Dorn auf dem Daumen wurde zur Verteidigung eingesetzt, während die Mittelfinger das Körpergewicht mittrugen. Der äußere Finger konnte den anderen Fingern gegenübergestellt werden.

BECKEN
Das Schambein, einer der drei Beckenknochen, war nach hinten gerichtet. Das ließ dem Verdauungssystem mehr Platz und erlaubte die Entwicklung eines großen Magens und eine effizientere Verdauung.

BEINE
Iguanodon bewegte sich hauptsächlich auf allen vieren fort, doch er konnte sich zur Nahrungssuche oder Verteidigung auch auf den Hinterbeinen aufrichten.

Fleischfresser

Theropoda (aus gr. ther = wildes Tier und pous = Fuß) bedeutet, dass diese Sauriergruppe mit scharfen Krallen an den Füßen bewehrt ist. Die Tiere sind Fleischfresser, bestens angepasst an schnelles Laufen und Jagen.

Fast alle fleischfressenden Dinosaurier gehören zu den Theropoden, einer der Hauptstammlinien der Dinosaurier. Zusammen mit den pflanzenfressenden Sauropodomorpha bilden sie die große Gruppe der Echsenbeckendinosaurier (Saurischia). Die ersten Theropoden tauchten in der späten Trias vor etwa 230 Millionen Jahren auf. Ihre wesentlichen Merkmale sind scharfe, gekrümmte Zähne, frei bewegliche Vorderextremitäten mit scharfen Krallen, für schnelle Bewegungen geeignete Hüften und ein langer Schwanz, mit dem sie das Gleichgewicht besser halten konnten.

Zu den ältesten Theropoden zählen *Herrerasaurus* und *Eoraptor*, deren Skelette in Argentinien gefunden wurden. *Eoraptor* maß gerade mal 1 m, *Herrerasaurus* war größer und ein gefährlicher Jäger. Am Ende des Juras erschienen die ersten riesenhaften Theropoden, wie beispielsweise *Allosaurus* mit einer Körperlänge von 12 m. Theropoden aus der Gruppe Tetanurae weisen eine breite Vielfalt an Formen auf, von gigantischen Fleischfressern bis zu kleinen insektenfressenden Arten. Ihre Entwicklung reicht bis in die Jetztzeit, da auch die Vögel zu dieser Gruppe gehören.

BEIN EINES THEROPODEN
Der Paläontologe Othniel C. Marsh führte den Fachbegriff „Theropoda" ein. Er entdeckte Fossilien von *Allosaurus* (das Foto zeigt die Beinknochen des Tiers) und *Ceratosaurus*, die beide aus dem Jura stammen.

GEWALTIGE JÄGER
Allosaurus lebte gegen Ende des Juras vor etwa 146 Millionen Jahren. Zu seiner Beute zählten Echsenbecken- und Vogelbeckendinosaurier, wie beispielsweise *Dryosaurus*.

KURZ UND LANG

Alvarezsaurus hatte sehr kurze Arme, die nur wenig über seinen Körper hinausragten. Er benutzte sie, um Termitenhügel aufzugraben und darin nach Nahrung zu suchen. Dagegen besaß *Epidendrosaurus* sehr lange Finger; damit konnte er Insekten von der Rinde von Bäumen auflesen.

BECKEN EINES THEROPODEN
Die Hüftknochen der Theropoden wiesen große Flächen auf, an denen mächtige Beinmuskeln ansetzten. Dadurch waren sie in der Lage, schnell zu laufen und ihrer Beute hinterherzujagen.

Ceratosaurus

Zur Zeit des Jura waren die Ceratosaurier und die Tetanurae die beiden Hauptlinien der Theropoden. Zwei Vertreter der Ceratosaurier sind *Ceratosaurus* und *Carnotaurus* aus der Kreidezeit.

Während der Kreide beherrschten Ceratosaurier aus der Familie der Abelisuridae Gondwana. Der Größte unter ihnen war *Carnotaurus*, dessen Fossilien in Südamerika gefunden wurden. Seine winzigen Vordergliedmaßen besaßen praktisch keine Funktion, er lief nur auf seinen schlanken, geschmeidigen Hinterbeinen, die hervorragend an schnelles Laufen angepasst waren. Der kurze, breite Schädel saß auf einem kräftigen breiten Nacken. *Carnotaurus* war etwa 9 m lang und wog über 1 t.

DER ENTDECKER
Das bisher einzige Skelett von *Carnotaurus* wurde 1984 von einem argentinischen Paläontologen namens José Bonaparte gefunden. Es war in einer äußerst harten Gesteinsschicht eingebettet, was die Bergung sehr schwierig machte. Bonaparte beschrieb diese neue Art 1985 und nannte sie *Carnotaurus sastrei*.

HAUT
Die Haut von *Carnotaurus* war mit schuppenartigen Höckern und Falten bedeckt, vielleicht als Schutz gegen Angriffe.

VIELSEITIGE FÜSSE

Die Füße der Theropoden mussten das Gewicht tragen, genügend Kraft fürs Springen aufbringen und ausreichende Schnelligkeit beim Laufen entwickeln.

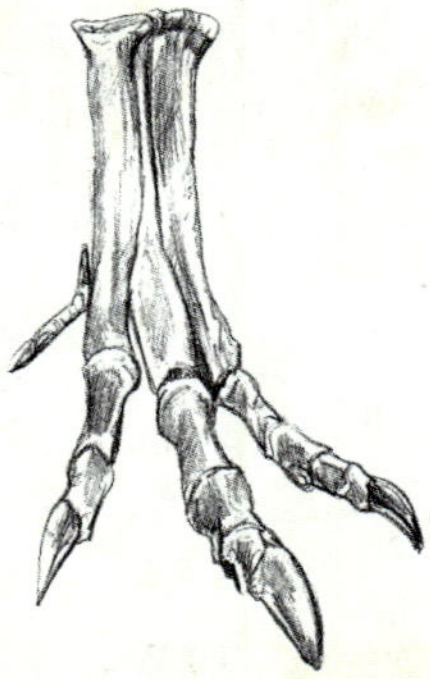

THEROPODENARTEN

Die Aufspaltung in Laurasia und Gondwana in der Kreidezeit bot die Möglichkeit, dass sich unterschiedliche Theropodenformen in verschiedenen Gebieten entwickeln konnten: Tyrannosaurier und Ornithomimiden im Norden; Carcharodontosaurier, Abelisaurier und Unenlagias im Süden.

Coelurus war 2,4 m lang.

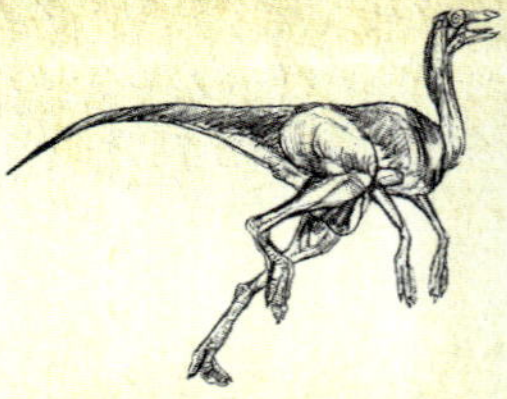

Gallimimus war 6 m lang.

Ekrixinatosaurus, ein Verwandter von *Carnotaurus*, war 11 m lang.

Daspletosaurus gehörte zur Gruppe der Tyrannosaurier und war 9 m lang.

Tyrannotitan ein Verwandter von *Giganotosaurus*, war 12,2 m lang.

Giganotosaurus

Wie der Name schon sagt, war *Giganotosaurus* ein gewaltiger Dinosaurier, einer der größten Fleischfresser, die jemals die Erde bevölkerten. Er lebte in Südamerika vor etwa 90 Millionen Jahren.

Dieses urtümliche Reptil auf dem südlichen Kontinent Gondwana war ein gewaltiger Räuber. Sein Skelett maß 13,5 m, und allein der Schädel war 1,8 m lang. In seinem breiten Maul saßen scharfe Zähne, sodass er mit einem Biss seine Beutetiere aufschlitzen konnte. *Giganotosaurus* hatte äußerst feste Knochen, besonders in seinen Hinterbeinen, die dicker und massiger als die eines Afrikanischen Elefanten waren. Sein enormes Körpergewicht und die Größe seiner Beine weisen darauf hin, dass der Saurier einen langsamen, schweren Gang hatte und nicht in der Lage war, Beutetieren hinterherzujagen. Da er jedoch auf Titanosaurier Jagd machte, die auch nicht schnell laufen konnten, war dies kein Nachteil. *Giganotosaurus* gehört zu einer Gruppe von riesigen Theropoden, die als Carcharodontosauridae bezeichnet werden und zu denen die wohl größten Landraubtiere aller Zeiten gehörten, wie etwa *Carcharodontosaurus*, *Tyrannotitan* und *Mapusaurus*.

GATTUNG: GIGANOTOSAURUS
SYSTEMATIK: THEROPODA, TETANURAE, CARNOSAURIA

LÄNGE 13,5 m
GEWICHT 8000 kg
ERNÄHRUNG Fleischfresser

MASSIGER SCHÄDEL
Der Schädel von *Giganotosaurus* zählte zu den größten innerhalb der Theropoden. Verglichen mit dem restlichen Körper war er überdimensioniert.

VERBREITUNG
Giganotosaurus und seine Verwandten *Tyrannotitan* und *Mapusaurus* wurden in Felsen der Kreidezeit in Patagonien (Südargentinien) gefunden.

Carcharodontosaurus entdeckte man in Ägypten und *Concavenator*, eine verwandte, kleinere Art, in Spanien.

Giganotosaurus

Der älteste bekannte Carcharodontosaurier, *Concavenator*, wurde in Spanien in über 130 Millionen Jahre alten Felsen gefunden. Diese Art war ungefähr 6 m lang, allerdings wurden manche späteren Verwandten noch größer.

Der Name *Carcharodontosaurus* bedeutet „Reptil mit Haizähnen", weil die sehr scharfen Zähne dieser Dinosaurier denen eines Hais ähnlich sind. Im Gebiss saßen an die 70 Zähne; sie dienten zum Zerreißen von Fleisch, waren aber nicht robust genug, um damit Knochen zu zermalmen.

Giganotosaurus und die Carcharodontosaurier waren zahlenmäßig die größte Population von Fleischfressern, die Gondwana zwischen 125 und 90 Millionen Jahren bevölkerten. Ihre Zahl nahm jedoch immer mehr ab, und schließlich verschwanden sie völlig mehrere Millionen Jahre vor dem großen Artensterben am Ende der Kreidezeit. Warum die Carcharodontosaurier vor 90 Millionen Jahren ausstarben, ist bis heute ein Rätsel.

ZÄHNE
Giganotosaurus' Zähne waren perfekt geeignet, um Fleisch zu zerschneiden.

DER ENTDECKER
Ein Amateur unter den Fossiliensuchern namens Rubén Carolini entdeckte 1993 Reste von *Giganotosaurus carolinii*. Die Fossilien wurden von den argentinischen Paläontologen Rodolfo Coria und Leonardo Salgado beschrieben, die das Tier nach seinem Entdecker benannten.

STAMMBAUM

GERUCH
Wahrscheinlich war der Geruchssinn von *Giganotosaurus* besser entwickelt als das Sehvermögen.

DIE GRÖSSTEN RAUBSAURIER

Giganotosaurus war größer und schwerer als *Tyrannosaurus rex*. Als bisher größter landlebender Raubsaurier gilt jedoch der in Afrika entdeckte *Spinosaurus* mit einer Körperlänge von 18 m.

BEUTE
Giganotosaurus konnte große Dinosaurier erlegen, wie beispielsweise *Titanosaurus*.

BALANCEAKT
Der Schwanz glich das Gewicht des Körpers aus.

Giganotosaurus

ARME
Man nimmt an, dass *Giganotosaurus* kurze, aber kräftige Arme mit drei Klauen besaß.

SCHÄDEL
Um das Gewicht des riesigen Schädels von *Giganotosaurus* zu reduzieren, hatte er große Hohlräume.

MÄCHTIGE BEINE
Giganotosaurus lief auf riesigen kraftvollen Beinen, die von den Mittelzehen des Fußes gestützt wurden.

KRÄFTIGER SCHWANZ
Durch seinen kräftigen Schwanz war *Giganotosaurus* in der Lage, seinen Körper schnell zu drehen und überraschende Angriffe zu starten.

Deinonychus

Deinonychus verließ sich bei Angriff und Verteidigung auf seine tödlichen, sichelförmigen Krallen.

Im Jahr 1964 entdeckten der amerikanische Paläontologe John Ostrom und sein Team an die 1000 Knochen von Exemplaren des *Deinonychus* in einer Gesteinsformation im Westen der USA. Unter den gut erhaltenen Fundstücken fanden sich auch eine große Zahl von Eierschalen unter Knochen erwachsener Tiere. Diese Tatsache lässt vermuten, dass *Deinonychus* auf seinen Eiern saß und sie gewärmt hat, auf die gleiche Art und Weise, wie es heutige Vögel mit ihren Eiern tun.

Deinonychus lebte in feucht-heißen Wäldern und zählt zu den am besten erforschten Mitgliedern der zweibeinig laufenden, gefiederten Familie der Dromaeosaurier, zu der auch Dinosaurier wie *Microraptor, Unenlagia* und *Utahraptor* gehören.

GATTUNG: DEINONYCHUS
SYSTEMATIK: THEROPODA, COELUROSAURIA, DEINONYCHOSAURIA

LÄNGE 3,5 m
GEWICHT 80 kg
ERNÄHRUNG Fleischfresser

SKELETT VON *LINHERAPTOR*
Dieses fast vollständig erhaltene Skelett eines *Linheraptors*, eines engen Verwandten von *Deinonychus*, wurde in der Mongolei gefunden:

ARME EINES JÄGERS
Man vermutet, dass *Deinonychus* seine langen Arme gegen den Körper faltete, aber er konnte sie schnell vorstrecken, um Beute zu packen.

VERBREITUNG
In den USA wurden Fossilien von *Deinonychus* in Gesteinsschichten gefunden, die 110 Millionen Jahre alt sind.

In Asien entdeckte man viele Deinonychosaurier, darunter *Microraptor*, *Velociraptor* und *Linheraptor*.

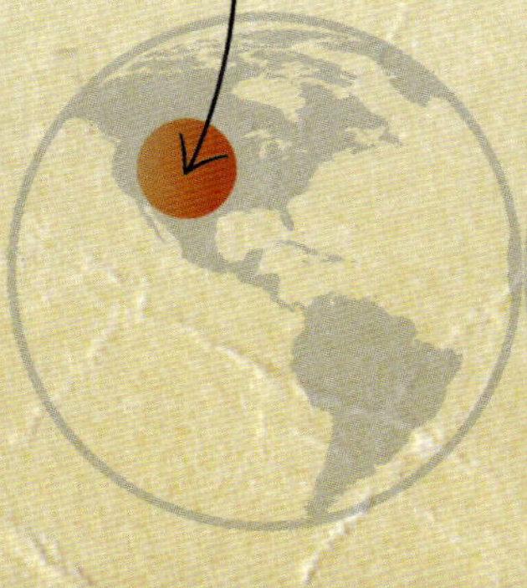

Deinonychus

Die Dromaeosaurier erschienen in der Mitte des Juras und starben am Ende der Kreidezeit aus. Die erste Art, die 1923 von Paläontologen in der Wüste Gobi (Mongolei) gefunden wurde, war *Velociraptor*. Seit damals entdeckte man an verschiedenen Stellen, vor allem in China, gefiederte Dinosaurier wie *Sinornithosaurus millenii*.

Dromaeosaurier werden als enge Verwandte der Troodontidae angesehen, einer Gruppe der Theropoden, deren Mitglieder ebenfalls an jedem Fuß eine sichelförmige Kralle trugen. Aufgrund dieser besonderen Waffe, die Dromaeosauria und Troodontidae gemeinsam hatten, wurden sie taxonomisch in die Gruppe der Deinonychosauria gestellt, was so viel wie „Echsen mit schrecklichen Klauen" bedeutet.

Es war John Ostrom, der als Erster auf die auffällige Ähnlichkeit zwischen *Deinonychus* und *Archaeopteryx*, der ältesten bekannten Vogelart, verwies. Er veränderte die Sichtweise der Paläontologen gegenüber Dinosauriern, indem er nahelegte, dass sie wesentlich mehr mit großen flugunfähigen Vögeln (wie den Straußen) gemeinsam hätten als mit Reptilien.

GESÄGTE ZÄHNE
Deinonychus hatte mächtige Kiefer mit etwa 70 gekrümmten, sägeblattartigen Zähnen.

DER ENTDECKER
Der nordamerikanische Paläontologe John Ostrom, fotografiert mit einem rekonstruierten Skelett von *Deinonychus*. Seine Theorien über die Verbindung zwischen Dinosauriern und Vögeln führten zu kontroversen Diskussionen unter den Paläontologen und regten neue Forschungen über die Evolution der Vögel an.

STAMMBAUM

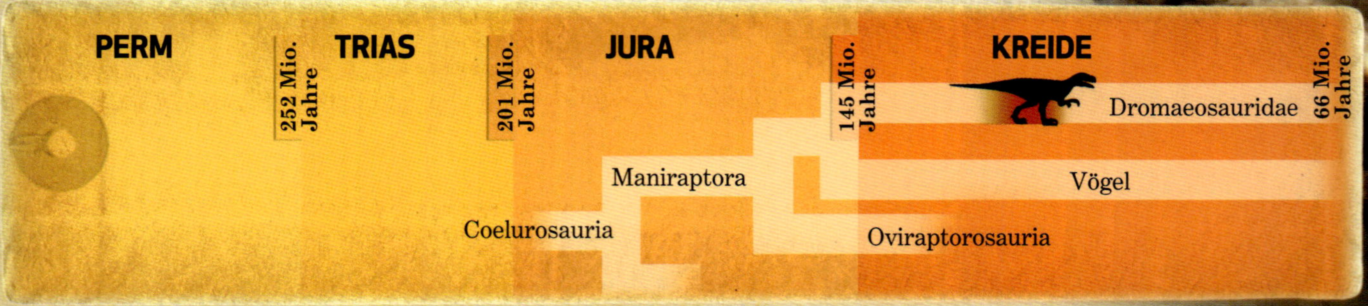

SKELETT
Der kurze, aufrechte Brustkorb erinnert an den der Vögel. Der Nacken war abwärts gebogen, um den Kopf in der richtigen Position zu halten.

FÜSSE MIT KLAUEN
Die Klaue an der zweiten Zehe war bis zu 13 cm lang und sehr spitz.

Deinonychus

JAGEN IN GRUPPEN
In den USA wurden mehrere Skelette von *Deinonychus* zusammen mit *Tenontosaurus* gefunden. Das deutet darauf hin, dass die Tiere in Gruppen gejagt haben.

Angriff und Abwehr

Dinosaurier passten sich den unterschiedlichsten Lebensumständen an. Für Fleischfresser waren Schnelligkeit und Kraft gefragt, während Pflanzenfresser verschiedene Verteidigungsstrategien entwickelten oder ihren Körper durch einen Panzer schützten.

Fleischfressende Dinosaurier setzten ihre enorme Schnelligkeit für eine erfolgreiche Jagd ein. Zuerst spürten sie ihre Beute mithilfe von Gesichts-, Geruchs- oder Gehörsinn auf. Dann setzten sie ihre Kraft und Stärke ein und griffen die Beutetiere nach einer kurzen Hetzjagd an. Dabei verursachten sie Verletzungen an den empfindlichsten Stellen des Körpers, wie beispielsweise im Genick, und warteten, bis das Opfer verblutet war. Wahrscheinlich jagten Theropoden allein, allerdings wird vermutet, dass *Velociraptor* und *Deinonychus* Gruppen gebildet haben.

Pflanzenfressende Dinosaurier entwickelten viele unterschiedliche Strategien, um sich gegen Fressfeinde zu verteidigen. Die kleinen Hypsilophodontidae hatten lange schlanke Beine und konnten dementsprechend sehr schnell laufen. Bei Iguanodonten lief der Daumenknochen in einen scharfen Stachel aus, den sie als Waffe benutzten. Ankylosaurier und Stegosaurier hatten ihren Körper durch massive Platten geschützt. Ceratopsiden (wie beispielsweise *Triceratops*) trugen spitze Hörner für einen Kampf mit Raubsauriern, und die riesigen Sauropoden waren mit langen, dünnen Schwänzen ausgestattet, die wie eine Peitsche eingesetzt werden konnten.

ANKYLOSAURUS GEGEN TYRANNOSAURUS REX

Es dürfte für einen *Tyrannosaurus rex* gar nicht so einfach gewesen sein, einen *Ankylosaurus* zu bezwingen, da dessen ganzer Körper mit Knochenplatten gepanzert war.

PANZER

Ankylosaurus war am Rücken durch dicke Panzerplatten und dazwischenliegende spitze Höcker geschützt. Das Ende seines Schwanzes bildete eine schwere knöcherne Keule.

KNOCHENPLATTEN

Der Panzer von *Ankylosaurus* setzte sich aus Knochenplatten zusammen, die als Osteodermen bezeichnet werden.

VERTEIDIGUNG

Dinosaurier zogen nicht nur Klauen, Zähne, Hörner oder einen Panzer zur Verteidigung heran, sondern sie setzten auch ihre Körpergröße ein. Ein ausgewachsener *Diplodocus* beispielsweise war viel zu massig, um von verschiedenen Raubsauriern erlegt zu werden.

SUCHOMIMUS
Hände mit kräftigen Klauen

TROODON
Zehe als gekrümmte Klaue

EUOPLOCEPHALUS
Körper mit Panzerplatten bedeckt

PACHYCEPHALOSAURUS
Verdickter Schädel

DIPLODOCUS
Peitschenartiger Schwanz

MASSIGER KOPF
Tyrannosaurus rex könnte in der Lage gewesen sein, einen jungen Ankylosaurier mit seinem kräftigen Kopf auf den Rücken zu werfen.

SCHWANZ

Viele Dinosaurier benutzten ihren Schwanz als Verteidigungswaffe.

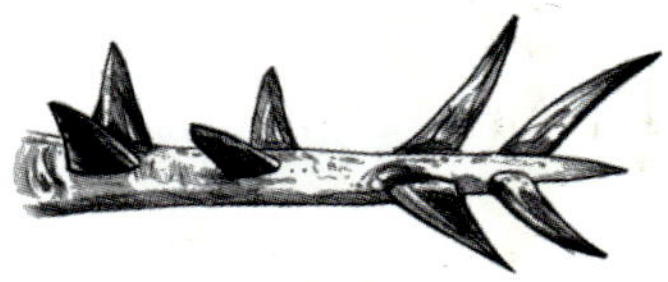

Stegosauria

Sauropoda

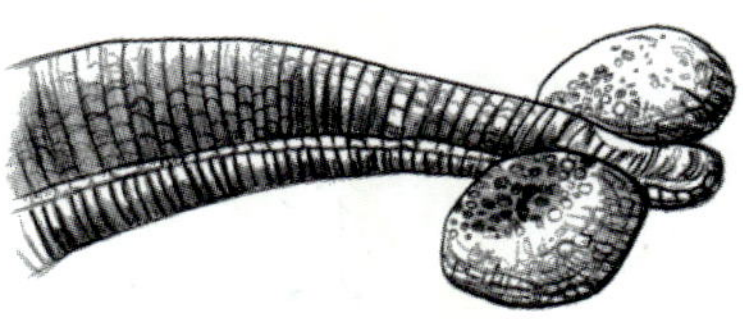

Ankylosauria

Im Kampf

Die Gruppe der Protoceratopsiden gilt als nahe Verwandte der Ceratopsiden, zu denen beispielsweise der bekannte *Triceratops* gehört. Ihr Schädel war mit Hörnern und Nackenschilden von unterschiedlicher Form und Größe besetzt, die sie zur Verteidigung gegen Raubsaurier verwendeten. Zusammen mit dem Hadrosaurier *Edmontosaurus* bildeten die Ceratopsiden die größten Pflanzenfresserherden in Amerika.

Eines der berühmtesten Skelette von *Protoceratops* fand man eng umschlungen mit den fossilen Überresten eines *Velociraptors*. Eine Gruppe von Paläontologen entdeckte die Skelette 1971 in der Mongolei. Die zwei Dinosaurier müssen einen heftigen Kampf ausgefochten haben. Ein Fuß von *Velociraptor* bohrt gerade seine sichelförmige Klaue in eine empfindliche Stelle im Nacken von *Protoceratops*! Man nimmt an, dass die beiden Tiere starben, als sie vor 70 Millionen Jahren beim Kampf plötzlich von einem Sandsturm begraben wurden.

GRÖSSE
Protoceratops lief auf vier Beinen (quadruped) und war etwa 2,5 m groß

HERBIVORE THEROPODEN
Therizinosaurs waren seltsame Theropoden, die sich im Lauf der Evolution von fleischfressenden Vorfahren zu Pflanzenfressern entwickelten. Die Fingerendglieder bildeten scharfe Klauen, die nicht nur für das Einsammeln von Nahrung, sondern auch für die Verteidigung sinnvoll waren.

SCHARFE KLAUEN
Velociraptor packte seine Beute mithilfe scharfer Klauen. Auch der Fuß endete in einer langen Klaue, die einem rasiermesserscharfen Haken ähnelte.

KM/H

Sowohl fleischfressende wie auch pflanzenfressende Dinosaurierarten entwickelten lange, schlanke Beine und ähnelten darin flugunfähigen Vögeln wie etwa einem Strauß. Damit konnten sie schnell rennen, wenn sie auf Beutejagd waren oder selbst vor einem Räuber fliehen mussten.

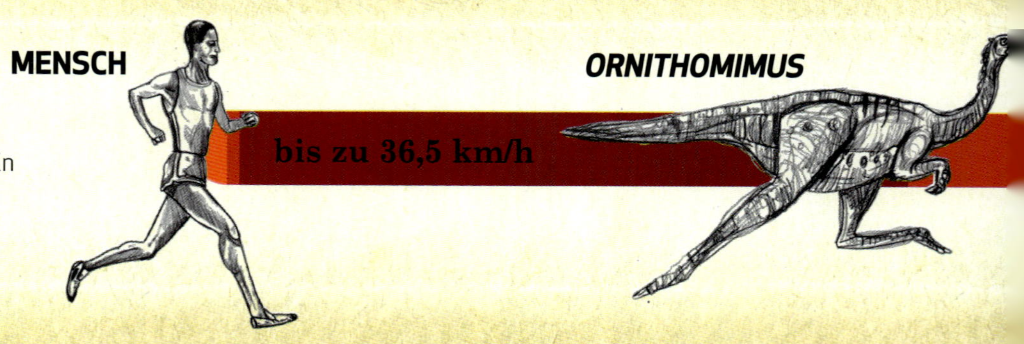

KRÄFTIGER SCHNABEL
Mit seinem kräftigen gekrümmten Schnabel konnte *Protoceratops* jedem Angreifer enorme Bisswunden zufügen.

HÖRNER

EINIOSAURUS
hatte ein abwärts gekrümmtes Horn.

PACHYRHINOSAURUS
besaß einen dicken knöchernen Wulst auf dem Nasenbein.

STYRACOSAURUS
zeichnete sich durch ein langes Nasenhorn sowie kräftige Hörner am Rand des Nackenschildes aus.

CENTROSAURUS
hatte ein Horn auf der Nase sowie einen großen knöchernen Höcker am Nackenschild.

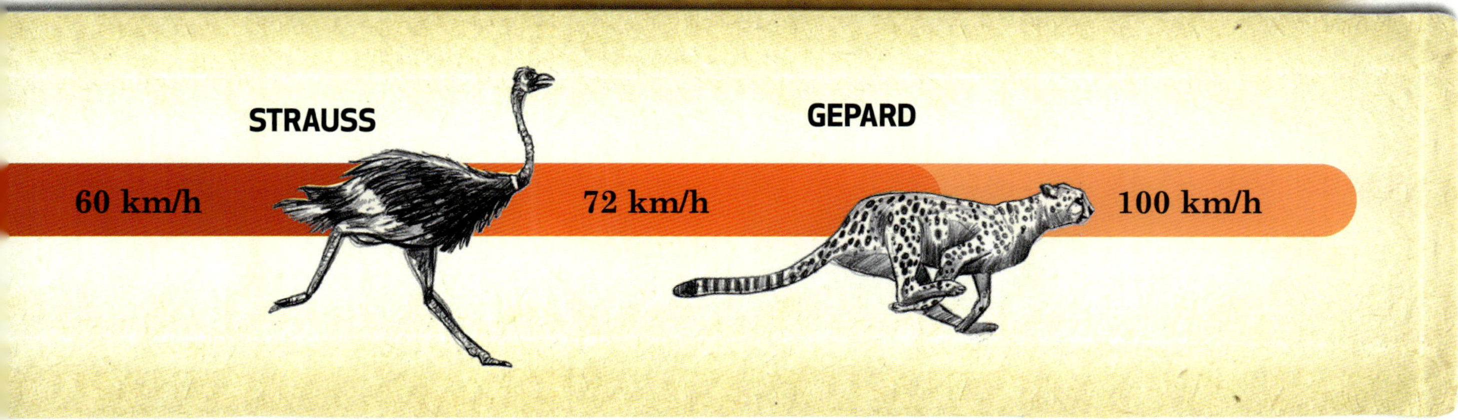

Triceratops

Triceratops horridus (Dreihorngesicht) lebte in Nordamerika während der letzten drei Millionen Jahre des Mesozoikums.

Zum ersten Mal wurde *Triceratops* im Jahr 1889 beschrieben, und seit damals fand man Hunderte von Exemplaren, sowohl junge wie auch erwachsene Tiere. Der Pflanzenfresser hatte einen massigen, ca. 2,5 m langen Schädel und erreichte eine Länge von 9 m und eine Höhe von 3 m. Man vermutet, dass die schwersten Tiere bis zu 11 t gewogen haben. *Triceratops* gehörte zu den quadrupeden Dinosauriern; er war nicht in der Lage, sich auf die Hinterbeine zu stellen. Seine Nahrung bestand aus niedrig wachsenden, krautigen Pflanzen, die er mit seinem mächtigen Schnabel abriss. Die Vorderextremitäten trugen drei Finger, die Hinterextremitäten vier Zehen; alle endeten in abgerundeten Hufen.

Triceratops zeichnete sich durch ein kurzes Nasenhorn und zwei lange Hörner über den Augen aus. Letztere waren Teil der Schädelstruktur, wobei der Knochen von hornähnlichem Material überzogen war. Ähnlich wie bei Rindern, Büffeln und Antilopen der heutigen Zeit wuchsen die Hörner nach, wenn sie herausgerissen oder abgebrochen wurden.

GATTUNG: TRICERATOPS
SYSTEMATIK: ORNITHISCHIA, MARGINOCEPHALIA, CERATOPSIA

LÄNGE 9 m
GEWICHT 12 000 kg
ERNÄHRUNG
Pflanzenfresser

NACKENSCHILD
Der hintere Teil des Schädels lief nach hinten spitz zu und bildete einen schützenden Nackenschild.

SCHNABELARTIGE KIEFER
Triceratops besaß kräftige Kiefer, die in eine zugespitzte, schnabelartige Schnauze mündeten.

VERBREITUNG
Triceratops wurde nur in Nordamerika gefunden. In anderen Teilen der Erde ist er nicht nachgewiesen.

Entfernte Verwandte von *Triceratops* wurden in Asien entdeckt, die meisten davon trugen Hörner.

Triceratops

Wie alle Ceratopsiden war auch *Triceratops* mit einem großen Schild ausgerüstet, das aus nach hinten gezogenen Schädelknochen bestand und das empfindliche Genick schützte. Forscher vermuten, dass er seine Hörner zur Verteidigung gegen Raubsaurier wie *Tyrannosaurus rex* einsetzte. Allerdings waren diese bei manchen Arten wie etwa *Styracosaurus* nur wenige Zentimeter dick und daher wohl nicht kräftig genug, um mit ihnen Angriffe abzuwehren.

Man hat sowohl von jungen als auch von erwachsenen *Triceratops*-Exemplaren Schädel gefunden. Auch die Jungtiere hatten bereits Hörner und Nackenschild entwickelt, doch mit steigendem Alter nahmen auch die Hörner in Länge und Dicke zu. Der Nackenschild wuchs nach hinten und wurde dünner.

Hörner und Nackenschild dienten den Eltern wohl auch als Erkennungsmerkmal ihrer Jungen, da es bei jedem Individuum kleine Unterschiede bezüglich Form und Ausprägung gibt. Vielleicht wurden sie auch zur Machtdemonstration gegenüber Artgenossen oder zur Partnersuche eingesetzt.

HÖRNER

Die Entwicklung der Ceratopsiden erfolgte von Arten mit sehr kleinen Hörnern und Nackenschilden wie etwa *Leptoceratops* zu größeren und unterschiedlicher gestalteten Spezies wie *Pentasaurus*.

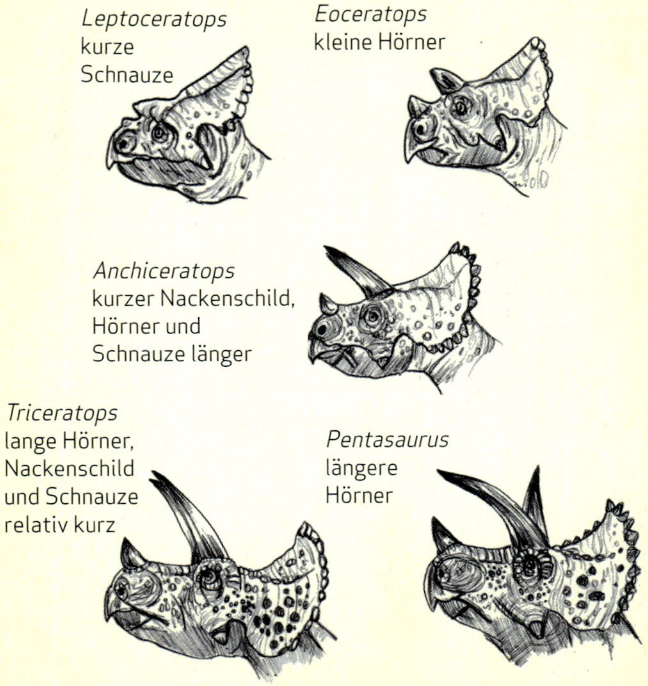

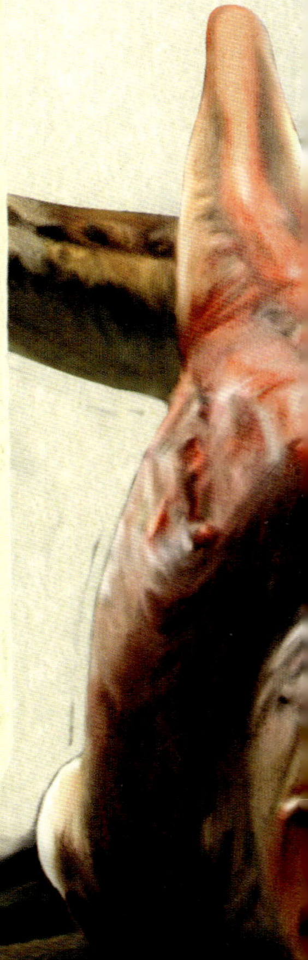

STAMMBAUM

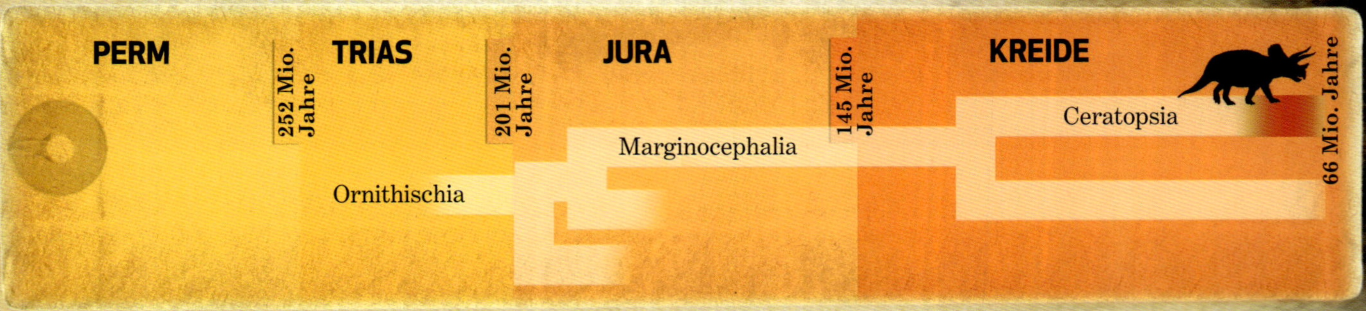

SKELETT
Wie man an diesem rekonstruierten Skelett eines *Triceratops horridus* sehen kann, ist der Nackenschild Teil des Schädels.

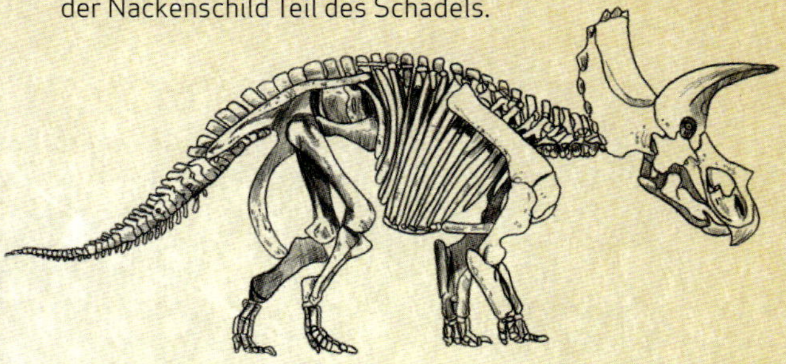

KÖRPERHALTUNG
Ursprünglich nahmen Paläontologen an, dass die Vorderbeine von *Triceratops* abgeknickt waren wie die Extremitäten rezenter Reptilien. Heute hält man es für wahrscheinlicher, dass sie eine fast senkrechte Position einnahmen, wie im untersten Bild zu sehen ist.

Triceratops

SCHWANZ
Er war kurz und wurde nicht, wie bei seinen Vorfahren, zur Stabilisierung des Körpers eingesetzt.
VORDERBEINE
Die kräftigen Vorderbeine trugen das Gewicht des Vorderkörpers und verliehen ihm eine besondere Robustheit beim Kampf gegen Angreifer.

Warm- oder kaltblütig?

Wissenschaftler sind sich darin einig, dass die Dinosaurier ein fortschrittlicheres Verhalten sowie mehr Fähigkeiten und Anpassungen zeigten als die heutigen Reptilien. Aufgrund ihrer vielen Ähnlichkeiten mit den Vögeln nimmt man heute sogar an, dass viele Dinosaurier nicht kalt-, sondern warmblütig waren.

IRRLEHREN ÜBER DINOSAURIER
Robert Bakker studierte in den 1960er-Jahren zusammen mit John Ostrom. Seiner Ansicht nach waren Dinosaurier warmblütige Tiere. In seinem Buch „Dinosaur Heresies", das 1986 veröffentlicht wurde, stellte er seine Ideen einem breiten Publikum vor und löste damit einen große Kontroverse unter den Wissenschaftlern aus.

Lange Zeit hielten Paläontologen die Dinosaurier für langsame, kaltblütige Tiere. Doch neuere Untersuchungen von John Ostrom stellen diese Ansicht in Frage.

Ebenso wie Ostrom vertrat auch der amerikanische Paläontologe Robert Bakker die Meinung, Dinosaurier seien warmblütige Tiere wie Vögel und Säuger. Er argumentierte, dass die Stellung ihrer Füße direkt unter dem Körper und dadurch ihre Fähigkeit, schnell zu laufen und große Schritte zu machen, ein Nachweis für diese Hypothese sei. Außerdem konnte er zeigen, dass Dinosaurier wie Säuger und Vögel Haare und Federn besaßen – eine wichtige Voraussetzung, um eine gleichmäßige Körpertemperatur aufrechtzuerhalten. Also ein weiteres Indiz für die Theorie, Dinosaurier seien warmblütige Tiere gewesen.

KALT ODER WARM?

Bei kaltblütigen Tieren, wie z. B. Kröten, ändert sich die Körpertemperatur mit der Umgebungstemperatur. Die Körpertemperatur warmblütiger Tiere, wie z. B. eines Hamsters, bleibt dagegen weitgehend konstant und wird vom Körper gesteuert.

Kröte

Hamster

FEDERKLEID
Viele Dinosaurier, einschließlich *Psittacosaurus,* hatten Federn.

SCHNABEL
Der Oberkiefer von *Psittacosaurus* lief in einen kräftigen Schnabel aus.

SCHNELLER LÄUFER
Psittacosaurus konnte auf zwei oder vier Beinen laufen. Wahrscheinlich war er ein schneller Läufer – auf diese Weise konnte er Raubsauriern entkommen.

Ernährung und Umwelt

Kaltblütige Fleischfresser müssen nur wenig Nahrung aufnehmen. Warmblütige Raubtiere dagegen, wie etwa Löwen, benötigen größere Mengen an Fleisch für ihren Energiehaushalt und eine konstante Körpertemperatur.

Einige Paläontologen bezweifelten, dass pflanzenfressende Dinosaurier warmblütig sein konnten. Ihrer Meinung nach reichten die langsam wachsenden Pflanzen des Mesozoikums, wie Koniferen, Palmfarne, Ginkgos und Farne, nicht aus, um diese Dinosaurier zu ernähren. Jedoch zeigte sich in verschiedenen Versuchen, dass Ginkgos, die unter den gleichen atmosphärischen Verhältnissen wie zur Zeit des Mesozoikums gezüchtet wurden, besser wuchsen und mehr Nährstoffe enthielten als die unter heutigen Bedingungen lebenden! Aus diesem Grund ist es ziemlich wahrscheinlich, dass die klimatischen Verhältnisse zur Zeit der Dinosaurier es sogar warmblütigen Pflanzenfressern erlaubt haben, ausreichend Nahrung für ihr Überleben zu finden.

ERSTE ENTDECKUNGEN
Das erste Anzeichen für etwas Ähnliches wie einen polaren Dinosaurier tauchte 1960 auf, als Fußspuren von Dinosauriern auf Spitzbergen gefunden wurden, einer Inselgruppe zwischen Norwegen und dem Nordpol.

POLARE DINOSAURIER
Man nimmt an, dass polare Dinosaurier das Land während der frühen Kreidezeit durchstreiften, als Australien noch mit der Antarktis verbunden war. Im Winter herrschte kaltes Klima; das bedeutete, dass polare Dinosaurier mit äußerst niedrigen Temperaturen fertig werden mussten.

LEBENDES FOSSIL
Der Ginkgo ist die letzte, heute noch vorkommende Spezies einer ansonsten seit 270 Millionen Jahren ausgestorbenen Gruppe innerhalb der Samenpflanzen, deren Fossilien überall auf der Erde gefunden wurden.

DUNKELHEIT
Dinosaurier in Polargebieten hätten jeden Winter mehr als sechs Monate Dunkelheit aushalten müssen.

FEDERN
Federn könnten Dinosauriern in Polargebieten geholfen haben, die Körperwärme aufrechtzuerhalten – eine wichtige Voraussetzung für das Überleben im eisigen Klima.

Argentinosaurus

Argentinosaurus ist der größte bekannte Saurier. Durch das Studium dieses Riesen gelang es, mehr über die gewaltigen, pflanzenfressenden Sauropoden zu erfahren.

Argentinosaurus huinculensis wurde nach der Huincul-Formation im Südwesten Argentiniens benannt, wo Paläontologen 1993 Teile des Skeletts entdeckten: einige Wirbel, Rippen, einen Schienbein- und einen Oberschenkelknochen. Sein wissenschaftlicher Name bedeutet „argentinische Echse". Dieser erste Fund von *Argentinosaurus*

löste aufgrund seiner gewaltigen Körpergröße weltweites Interesse aus. Sauropoden mit vergleichbaren Maßen sind *Paralititan, Supersaurus, Seismosaurus, Sauroposeidon, Alamosaurus* und *Puertasaurus*, und es gibt vielleicht noch größere Dinosaurier, die bisher nur noch nicht entdeckt worden sind. Die maximale Länge der Tiere betrug 30 bis 35 m, und sie wogen bis zu 100 t! *Argentinosaurus* erreichte ein Gewicht von ca. 73 t.

KNOCHEN
Wie bei den meisten Dinosauriern dieser Größe bestand das Skelett von *Argentinosaurus* aus ca. 230 Knochen. Trotz seiner enormen Länge wies der Hals nur 13 Wirbel auf.

KRÄFTIGES RÜCKGRAT
Ein einziger Wirbel eines *Argentinosaurus* war 1,6 m hoch und 1,3 m breit – das gibt eine ungefähre Vorstellung von der enormen Größe dieser Tiere.

GATTUNG: ARGENTINOSAURUS
SYSTEMATIK: SAURISCHIA, SAUROPODA, TITANOSAURIA

LÄNGE 30 m
GEWICHT 73 000 kg
ERNÄHRUNG
Pflanzenfresser

VERBREITUNG
Argentinosaurus wurde nahe der Stadt Plaza Hincul im Südwesten Argentiniens gefunden.

Andere Titanosaurier, zu den *Argentinosaurus* gehört, lebten während der Kreidezeit in Süd- und Nordamerika, Afrika, Asien und Europa.

Argentinosaurus

Der Grund für die gewaltige Körpergröße von *Argentinosaurus* und anderen Sauropoden bleibt ein Rätsel. Eine mögliche Erklärung liegt im Ansteigen der Temperaturen während des Mesozoikums. Es könnte aber auch das Ergebnis einer Ernährung sein, die auf Pflanzen mit einem niedrigen Nährstoffgehalt beruht. Um diese besser verdauen zu können, mussten die Sauropoden sie längere Zeit im Magen-Darm-Trakt behalten. Im Laufe der Evolution könnten ihre Körper größer geworden sein, um den großen Magen besser unterzubringen.

GRÖSSENVERGLEICH

Von den fast 60 Arten von Sauropoden, Theropoden und Ornithischia, die in Argentinien gefunden wurden, ist *Argentinosaurus* der berühmteste. Dank seiner Größe ragt er unter den Dinosauriern heraus.

STAMMBAUM

ERSTBESCHREIBUNG
José Bonaparte und Rodolfo Coria beschrieben 1993 den Fund wissenschaftlich und gaben ihm den Namen *Argentinosaurus*. Die originalen Fossilien sind Teil der Sammlung des Museums Carmen Funes in Plaza Huincul.

DER ENTDECKER
Guillermo Heredia fand 1989 bei einem Aufenthalt in Plaza Huincul die Überreste von *Argentinosaurus*. Er informierte sofort das örtliche paläontologische Museum und half, die Fossilien zu bergen. Vier Jahre später war seine wertvolle Entdeckung in der ganzen Welt bekannt.

Argentinosaurus

GEWICHTSEINSPARUNG
Um das Gewicht des Skeletts zu reduzieren, bestand die Wirbelsäule im Inneren aus einem schwammartigen Gewebe mit vielen Hohlräumen, das von dünnen Wänden umgeben war.

SKELETT
Um die tatsächliche Größe von *Argentinosaurus* einzuschätzen, zogen die Wissenschaftler Vergleiche zu anderen, besser erhaltenen Skeletten ähnlicher Dinosaurier.

Nahrungssuche

Dinosaurier entwickelten vielfältige Anpassungen, um unterschiedliche Nahrungsquellen erschließen zu können. Die Form der Zähne verrät ebenso wie ihr Mageninhalt und ihre fossilisierten Exkremente, welche Art von Nahrung sie zu sich nahmen.

LIBELLE
Anhand von Fossilien weiß man, dass es Insekten wie etwa Libellen schon viel früher auf unserem Planeten gab als Dinosaurier. Sie bildeten die wichtigste Nahrungsquelle für alle kleineren fleischfressenden Tiere, denn sie waren im Überfluss vorhanden und jederzeit verfügbar.

Die ersten Dinosaurier waren nicht größer als Hühner. Sie hatten winzige spitze Zähne und ernährten sich hauptsächlich von Insekten und anderen kleinen Wirbellosen, die sie unter Blättern aufspürten.

Die Nachfahren dieser ersten Dinosaurier wurden größer und begannen, größere Tiere zu jagen. *Eoraptor* war etwa so groß wie ein Truthahn, seine Beute könnte aus eidechsengroßen Reptilien bestanden haben. *Herrerasaurus* erreichte eine Länge von 6 m und konnte Beutetiere von der Größe eines Wildschweins überwältigen.

In der Trias erschienen weitere kleinwüchsige Dinosaurier, die sich zunächst von Insekten ernährten, später jedoch auf Pflanzennahrung umstiegen.

Zur gleichen Zeit traten die ersten Riesenformen (Sauropodomorpha) und Vogelbeckendinosaurier (Ornithischia) auf. Die Sauropodomorpha erreichten bald die Größe einer Giraffe. Ihre Halslänge nahm zu, dadurch konnten sie höher hinauf in die Baumwipfel reichen und sich Blätter, Zweige und Früchte holen. Bei den Ornithischia entwickelten sich ein Schnabel und ein spezielles Gebiss, mit dem sie ihre Nahrung zermahlen konnten.

VELOCIRAPTOR **– EIN GEFÜRCHTETER JÄGER**
Velociraptor nahm es durchaus mit größeren Tieren auf, etwa mit *Protoceratops*. Er tötete seine Beute mithilfe seiner gekrümmten Klauen und langen scharfen Zähne.

SCIPIONYX
Ein schmaler, fleischfressender Dinosaurier aus der Kreidezeit. Er fing Insekten und andere Wirbellose auf Pflanzenblättern oder in flachem Wasser.

ZÄHNE DER THEROPODEN
Theropoden wie z. B. *Velociraptor* hatten spitze, rasiermesserscharfe Zähne, die nach hinten gekrümmt waren.

GEBOGENE KLAUEN
Bei *Velociraptor* endete die zweite Zehe an jedem Fuß in einer spitzen, sichelförmigen, tödlichen Klaue, die er in den Körper seines Opfers schlug.

SELTSAME ZÄHNE
Masiakasaurus, ein fleischfressender Dinosaurier aus Madagaskar, besaß merkwürdig geformte Zähne. Wahrscheinlich benutzte er sie, um damit in der Rinde von Bäumen nach Insekten zu stochern.

Verdauung

Die meisten fleischfressenden (carnivoren) oder pflanzenfressenden (herbivoren) Dinosaurier kauten ihre Nahrung nicht. Sie nutzten ihre Zähne, um Fleisch zu zerreißen oder Pflanzen zu zerrupfen. Die Nahrung wurde im Kaumagen, einem mit zahlreichen Muskeln durchsetzten Teil des Magens, zerrieben und zerkleinert. Wie die heutigen Krokodile und Vögel schluckten Dinosaurier kleine Steinchen, sogenannte Gastrolithen, die bei der Zerkleinerung der Nahrung mithalfen. Man fand solche Steine häufig im Skelett, und zwar im Brustkorb von Sauropoden, Ornithischia und Theropoden.

Ursprüngliche Sauropoden hatten lanzenförmige Zähne, jene der fortschrittlicheren Arten wie *Diplodocus* (rechts) und *Nigersaurus* waren zylinderförmig. Sie waren lang und schlank und an der Spitze stark abgenutzt. Das lässt den Schluss zu, dass *Diplodocus* Blätter von den Ästen streifte, indem er mit den Zähnen am Ast entlangfuhr.

Nigersaurus hatte kleine Zähne, die nicht zum Kauen, sondern zum Abreißen und Abzwicken von Blättern dienten, die anschließend verschlungen wurden.

Das Verdauungssystem der fleischfressenden Dinosaurier war einfacher als das der pflanzenfressenden, da Fleisch schneller zu verdauen ist als pflanzliches Material. Aus diesem Grund waren die Mägen der carnivoren Arten im Vergleich zu den herbivoren wahrscheinlich kleiner.

VERDAUUNGSSYSTEM DER HADROSAURIER

Im Gegensatz zu den meisten anderen herbivoren Dinosauriern kauten und zermahlten Hadrosaurier die Nahrung in ihrem Maul, bevor sie hinuntergeschluckt wurde. Sie besaßen Hunderte kleiner spitzer Zähne, die in Gruppen oder Batterien zusammenstanden und ständig ersetzt wurden.

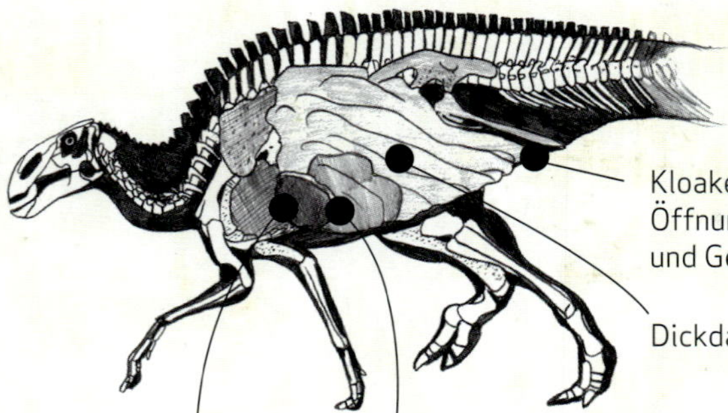

ZÄHNE
Diplodocus könnte seine Zähne eingesetzt haben, um Blätter und Rinde von den Bäumen zu streifen, ähnlich wie es die heutigen Giraffen tun.

KOPROLITHEN UND GASTROLITHEN

Versteinerte Exkremente (Koprolithen) können helfen, den Dinosaurier, der sie ausgeschieden hat, zu bestimmen. Gastrolithen sind meist kleine Steinchen, mit deren Hilfe die Nahrung im Magen zerkleinert wird.

Koprolithen

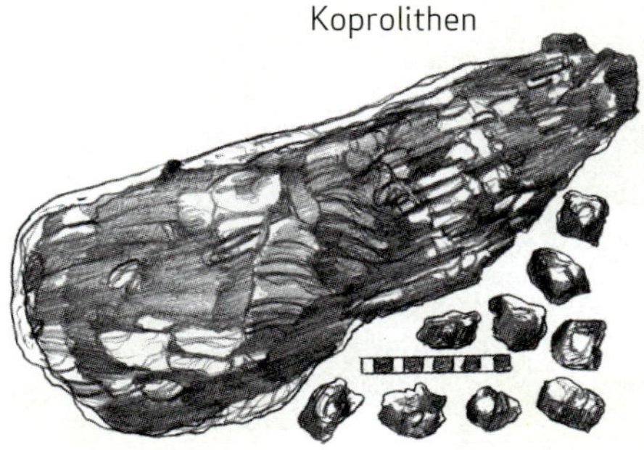

Gastrolithen

BREITE SCHNAUZE
Manche Wissenschaftler glauben, dass *Diplodocus* auch weiche Wasserpflanzen gefressen hat; seine breite Schnauze konnte große Mengen an Nahrung aufnehmen.

Therizinosaurus

Therizinosaurus hatte einen kräftigen Körper mit zwei langen Armen und zwei Beinen. Seine systematische Einordnung war aufgrund seines seltsamen Erscheinungsbildes lange Zeit schwierig. Neue Funde vollständiger Skelette zeigen, dass *Therizinosaurus* ein pflanzenfressender Theropode war.

Während der 1940er-Jahre arbeiteten Paläontologen aus der UdSSR und der Mongolei zusammen in der Wüste Gobi und entdeckten dabei einige äußerst merkwürdige Fossilien. Es handelte sich um die vorderen Gliedmaßen eines Reptils mit erstaunlich langen Klauen. Mehrere Jahrzehnte lang blieben das Aussehen dieses Tieres und seine verwandtschaftlichen Beziehungen zu anderen Dinosauriern ein Rätsel. Allerdings waren die Exemplare so groß und interessant, dass es letzten Endes doch gelang, ihr Erscheinungsbild zu rekonstruieren.

Zunächst waren die Überreste für die Forscher, die sie zu klassifizieren versuchten, ziemlich verwirrend. Der russische Paläontologe Evgeny Maleev glaubte, dass sie zu einem schildkrötenähnlichen Reptil gehörten, und gab ihm den Namen *Therizinosaurus* („Sensenechse"). Schließlich halfen neue Funde aus dem Jahr 1950 den Paläontologen, das Tier als Dinosaurier zu klassifizieren. Mehrere Jahrzehnte nach der ersten Entdeckung wurde es als Theropode bestimmt.

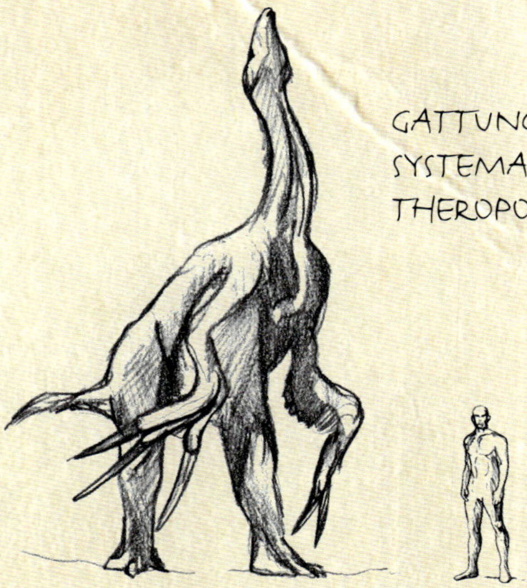

GATTUNG: THERIZINOSAURUS
SYSTEMATIK: SAURISCHIA, THEROPODA, THERIZINOSAURIDAE

LÄNGE 10 m
GEWICHT 5000 kg
ERNÄHRUNG Pflanzenfresser

KRÄFTIGER ARM
Jeder Arm zeichnete sich durch mächtige Muskeln aus, die sich bis in die Schulter zogen.

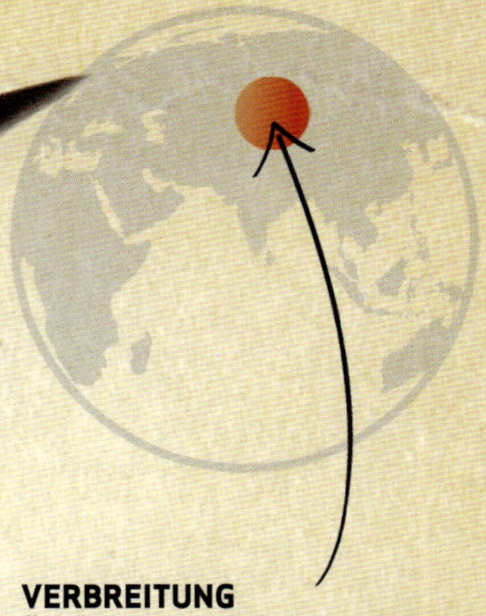

VERBREITUNG
Überreste von *Therizinosaurus* stammen aus verschiedenen Felsformationen der Wüste Gobi, aus der Mongolei und aus Nordchina.

PFLANZENNAHRUNG
Therizinosaurus ernährte sich von Pflanzen, obwohl er zur selben Gruppe fleischfressender Dinosaurier gehört wie *Velociraptor*.

SONDERBARE MERKMALE
Trotz seiner Klassifizierung als Theropode hatte *Therizinosaurus* ein Vogelbecken wie die Ornithischia und vier Zehen an jedem Fuß.

Therizinosaurus

Obwohl die bisherigen Überreste von *Therizinosaurus* unvollständig sind, gelang eine Rekonstruktion des gesamten Körpers mithilfe vergleichender Studien anderer Dinosaurier. Wahrscheinlich hatte er einen kräftigen Körper mit einem langen Hals, auf dem ein schmaler Schädel saß. Wie die frühesten Vogelbeckendinosaurier lief er auf zwei Beinen, von denen jedes vier Zehen besaß. Darin unterschied er sich von anderen Theropoden, die nur drei Zehen hatten.

Die Arme von *Therizinosaurus* waren bis zu 2,5 m lang. Die drei Finger trugen jeweils eine enorme, möglicherweise bis zu 1 m lange Klaue. Einige Paläontologen sind der Ansicht, dass sie zur Verteidigung dienten oder in Territorialkämpfen eingesetzt wurden. Man weiß außerdem, dass *Therizinosaurus* ein Pflanzenfresser war; daher könnte er die Klauen auch verwendet haben, um Äste und Zweige abzubrechen, wie es die heutigen Faultiere tun.

ERSTFUND
Fossilien von *Therizinosaurus* wurden 1948 in der Nemegt-Formation der Wüste Gobi (siehe Seite 88) im Südwesten der Mongolei entdeckt.

NAHE VERWANDTE

Zusammen mit anderen Spezies, wie *Beipiaosaurus*, *Nothronychus* und *Alxasaurus*, bildet *Therizinosaurus* eine Gruppe, die erst in den 1990er-Jahren definiert wurde.

Alxasaurus

Nothronychus

Beipiaosaurus

STAMMBAUM

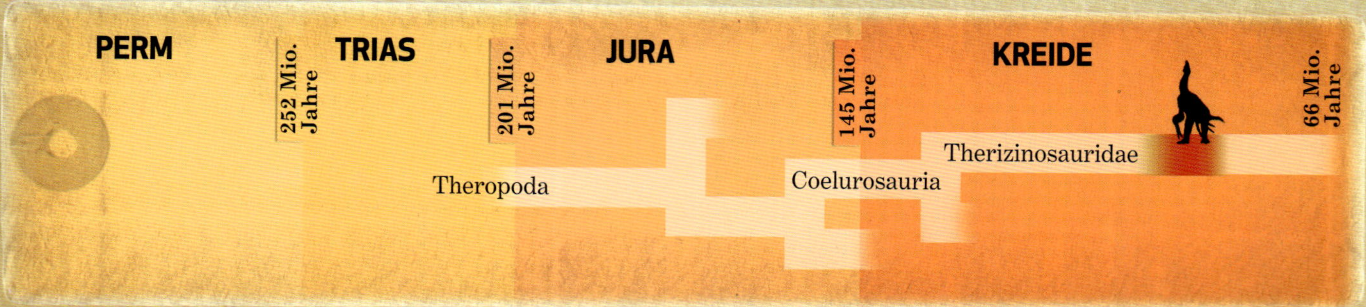

KLAUEN

Die längste der drei Klauen saß am ersten Finger. *Therizinosaurus* hat sie womöglich benutzt, um Blätter, Zweige und andere Vegetation abzuschneiden.

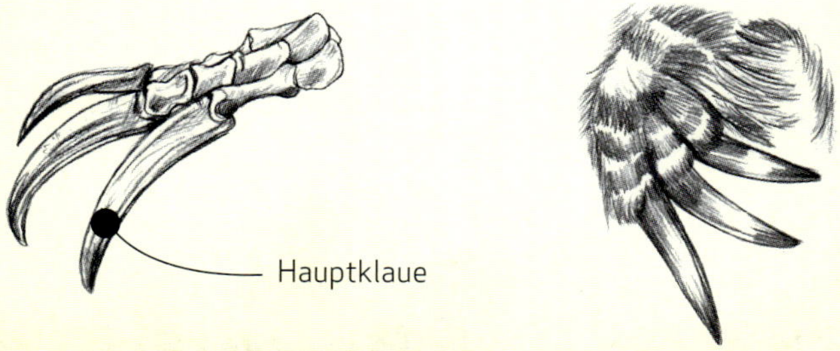

GEDRUNGENER KÖRPER

Therizinosaurus hatte ein breites, tief liegendes Becken, was darauf hindeutet, dass er einen gedrungenen Körper besaß, ähnlich dem eines heute lebenden Straußes.

TÖDLICHER ANGRIFF

Therizinosaurus gehörte wahrscheinlich zu den Beutetieren von *Tarbosaurus*. Selbst seine riesigen Klauen dürften gegen den Angriff dieses schreckenerregenden Dinosauriers wenig ausgerichtet haben.

Therizinosaurus

LANG UND KURZ
Dass *Therizinosaurus* erstaunlich lange Arme besaß, weiß man seit der Entdeckung eines kompletten fossilen Skeletts. Im Vergleich dazu waren Beine und Schwanz wesentlich kürzer.

SKELETT
Die fossilen Reste von *Therizinosaurus* waren zunächst unvollständig, deshalb haben Paläontologen für die Rekonstruktion andere Dinosaurier herangezogen.

SCHÄDEL
Bisher wurde kein fossiler Schädel von *Therizinosaurus* gefunden, daher basiert die Rekonstruktion des Kopfes auf vergleichbare Dinosaurier.

KLAUEN
Therizinosaurus besaß die längsten bekannten Klauen im Tierreich.

BECKEN
Das Becken von *Therizinosaurus* ähnelt dem moderner Vögel. Möglicherweise half diese Form, den langen Darm im Körper unterzubringen.

Dinosaurier-Familien

Zusammen mit Zähnen, Skeletten und Fußabrücken wurde auch eine Vielzahl an versteinerten Eiern, Nestern und Embryonen von Dinosauriern gefunden. Sie lieferten einige überraschende Informationen über die ersten Entwicklungsschritte dieser Tiere.

Vorzeitliche Fossilien deuten darauf hin, dass viele Dinosaurier in Kolonien nisteten; dementsprechend zeigten die gefundenen Eier verschiedene Formen und Größen.

Wie bei heutigen Reptilien hatten die Eier eine schützende Schale. Die feste äußere Schale erklärt, warum Tausende von Dinosauriereiern als Fossilien konserviert wurden. Die Eier wurden entweder mit Pflanzen bedeckt oder von den Dinosauriereltern bebrütet (das heißt warm gehalten, damit sie sich entwickeln konnten). Vermutlich saßen manche Eltern auf den Eiern, um sie vor Räubern zu schützen. Die meisten Informationen lieferte die Entdeckung von Nestern mit ungeschlüpften Eiern und Babyskeletten von *Maiasaurus*, einer Gattung der Hadrosaurier.

Die Babys von *Maiasaurus* passten auf eine menschliche Handfläche. Die Eltern beschützen sie und brachten ihnen bei, wo sie Nahrung und Wasser finden konnten. Wahrscheinlich konnten Dinosaurier Laute erzeugen. Eltern und Jungtiere verständigten sich durch Signale, ähnlich wie die Vögel, und festigten damit ihre Bindung.

EIER

Größe, Form und Farbe von Eiern variieren je nach Dinosauriergruppe, zu der sie gehören.

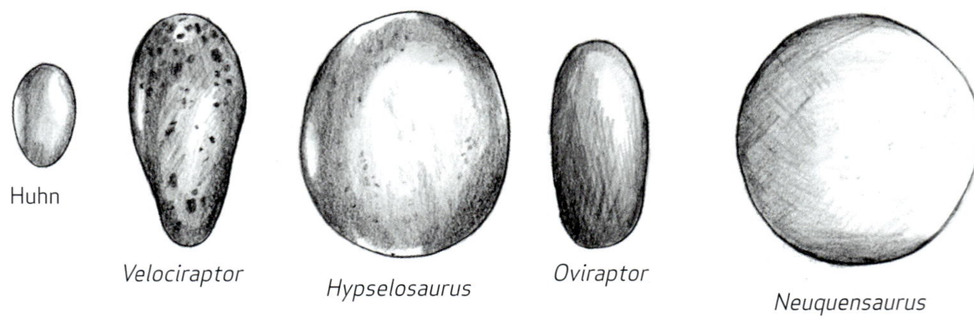

SCHLÜPFEN

Die Eier von *Oviraptor* waren beinahe 15 cm lang. Diese Rekonstruktion eines Embryos, der kurz vor dem Schlüpfen ist, basiert auf dem Fund von Hunderten von Eiern in kreidezeitlichen Felsformationen der Wüste Gobi in der Mongolei.

Oviraptor-Embryo

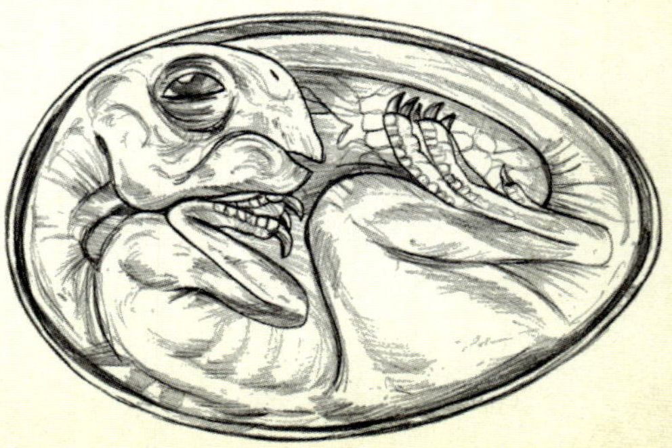

SCHNABEL
Mit seinem breiten Schnabel konnte *Maiasaurus* große Mengen an Nahrung zum Nest transportieren.
FÜRSORGLICHE ELTERN
Nach dem Schlüpfen blieben die Jungtiere im Nest, wo sie von den Eltern gefüttert wurden.

Brutpflege

Oviraptor und *Velociraptor* brüteten ihre Eier aus. Sie saßen auf dem Nest, kontrollierten die Temperatur der Eier und wärmten sie mit ihrem Körper. Den ersten Hinweis auf ein derartiges Verhalten lieferten *Oviraptor*-Fossilien aus der Wüste Gobi. Man fand die Skelette auf den Eiern, die Beine im Zentrum des Geleges und die Arme über den Rand gebreitet.

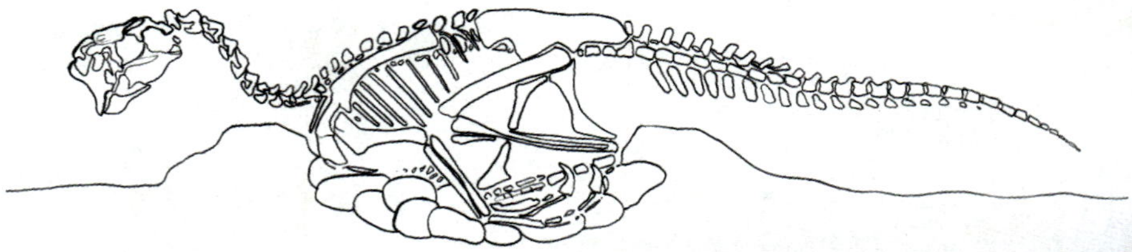

Skelett eines *Oviraptors*, der auf seinen Eiern sitzt und sie warm hält.

PROTOCERATOPS

Protoceratops war ein früher Vorläufer von *Triceratops*. Eine große Zahl von Exemplaren wurde in der Mongolei entdeckt; das deutet darauf hin, dass die Saurier in Herden zusammenlebten. Die Jungtiere dieses Pflanzenfressers waren 17 cm lang, während die ausgewachsenen Saurier 2 m Länge erreichten.

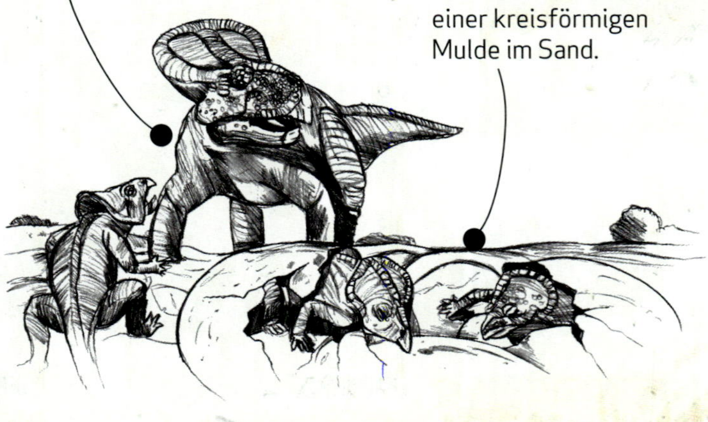

ACHTUNG SCHLANGE!

In Indien wurde das Skelett einer Schlange gefunden, das um das Nest eines *Titanosauriers* geschlungen war. Die Schlange konnte wahrscheinlich keine Eier, aber vielleicht frisch geschlüpfte Jungtiere erbeuten.

ARME
Oviraptor besaß gefiederte Arme; damit konnte er die Temperatur der Eier besser im optimalen Bereich halten.

FÜTTERN DER JUNGEN

Eine *Oviraptor*-Mutter würgt vorverdaute Nahrung hoch und füttert damit ein Junges. Durch diesen Vorgang war die Nahrung weich und für die Jungtiere gut verträglich.

Corythosaurus

Corythosaurus lebte in großen Herden im Gebiet des heutigen Kanada. Er gehört zu den Hadro- oder Entenschnabelsauriern, und seine Überreste wurden in über 76 Millionen Jahre alten Felsformationen gefunden.

Der Paläontologe Barnum Brown gab *Corythosaurus* seinen Namen, da ihn dessen Schädelkamm an den Helm eines korinthischen Soldaten erinnerte. Der nordamerikanische Paläontologe fand das erste Skelett von *Corythosaurus* im Westen Kanadas. Es lag frei, war fast vollständig, und auf einer Seite hatte sich sogar etwas fossilisierte Haut erhalten.

Hadrosaurier bildeten gegen Ende der Kreidezeit die erfolgreichste Pflanzenfressergruppe, vor allem in Nordamerika und in Asien, obwohl auch in anderen Teilen der Welt Überreste gefunden wurden. Hadrosaurier besaßen eine lange Schnauze, die an einen Entenschnabel erinnert. Die Kiefer waren mit vielen, in Batterien angeordneten Zähnen bestückt, mit denen die Tiere Pflanzenteile zerquetschten und zerkleinerten. Die ältesten Hadrosaurier hatten etwa die Größe von Pferden, ihre Nachkommen in der späten Kreidezeit erreichten eine Körperlänge von bis zu 10 m.

Wir kennen die Ernährungsweise der Hadrosaurier von Skeletten mit fossilen Pflanzenteilen in der Magengegend. Es gibt auch versteinerte Exkremente, die zeigen, dass die Tiere Blätter, Früchte und Samen fraßen.

LÄNGE 10 m
GEWICHT 4 t
ERNÄHRUNG
Pflanzenfresser

GATTUNG: CORYTHOSAURUS
SYSTEMATIK: ORNITHISCHIA, ORNITHOPODA, HADROSAURIDAE

SCHÄDELKAMM
Die verschiedenen Arten der Hadrosaurier lassen sich an der unterschiedlichen Ausprägung ihrer Schädelkämme bestimmen.

DER ENTDECKER
Im Jahr 1910 leitete der amerikanische Fossiliensammler Barnum Brown mehrere erfolgreiche Expeditionen nach Westkanada. Dort wurden sehr viele Hadrosaurier mit dem typischen Schädelkamm entdeckt.

ERNÄHRUNGSWEISE
Corythosaurus konnte sich auf die Hinterbeine stellen, um Blätter und Früchte von Koniferen zu fressen. Außerdem ernährte er sich von Farnen, die er aus dem Boden zog, wobei er auf allen vieren lief.

VERBREITUNG
Hadrosaurier lebten in großer Zahl in Nordamerika; *Corythosaurus* wurde jedoch nur in Kanada gefunden.

Asien war die Heimat vieler verschiedener Hadrosaurier, darunter befand sich auch der Lambeosaurier (Hadrosaurier mit Schädelkamm) *Aralosaurus*.

Corythosaurus

Der Schädel von *Corythosaurus* war nicht nur wegen der langen Schnauze, sondern auch wegen der langen Nase bemerkenswert. Die Nasenlöcher waren mit Gewebe versehen, das Feuchtigkeit produzierte und Partikel aus der Luft filterte, wenn *Corythosaurus* atmete.

Die Hadrosaurier werden in zwei Familien eingeteilt: Die Lambeosauriden wie *Corythosaurus* besitzen hohle Schädelkämme. Bei ihnen reichen die Nasengänge bis in den Kamm an der Spitze des Kopfes. Paläontologen glauben, dass die Lambeosaurier deutliche Laute erzeugen konnten, die noch in großer Entfernung zu hören waren, indem sie Luft durch die Hohlräume in diesen Kämmen bliesen. Diese Signale dienten wahrscheinlich dazu, die Herden zusammenzuhalten und vor Raubsauriern zu warnen.

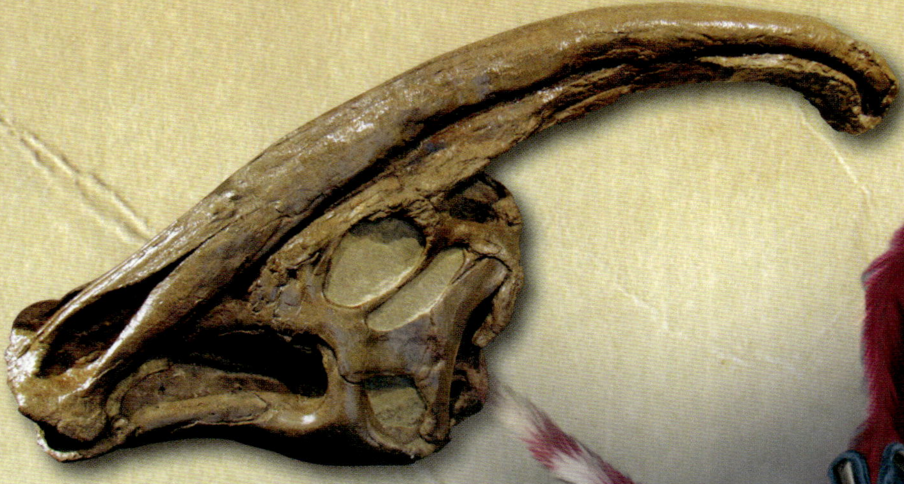

LANGER SCHÄDELKAMM
Parasaurolophus war einer der auffälligsten Lambeosaurier mit einem besonders langen Schädelkamm.

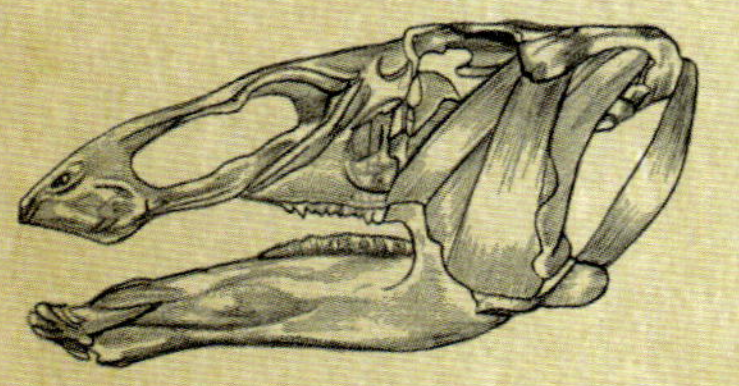

KAUEN
Hadrosaurier zeichneten sich durch kräftige Kiefermuskeln aus, die es ihnen ermöglichten, feste Blätter und andere Pflanzenteile zu zerkleinern und zu zermahlen.

STAMMBAUM

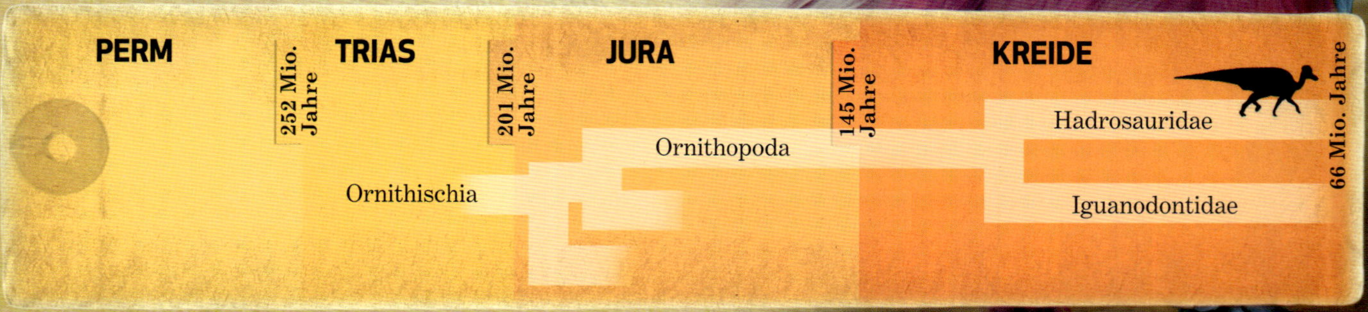

SKELETT

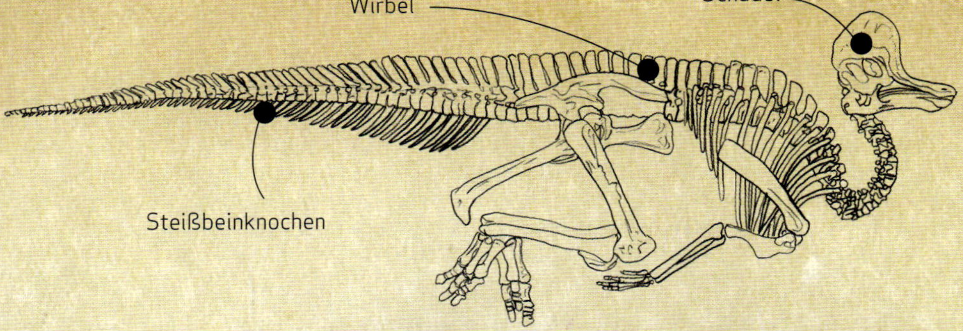

SCHÄDELKAMM DER MÄNNCHEN
Die Männchen der *Corythosaurier* hatten vermutlich größere Schädelkämme als die Weibchen.

AUFBAU DES FUSSES
Corythosaurus hatte drei kräftige Zehen ohne Klauen, die in breiten Hufen endeten. Mit diesem Fußaufbau konnten die Saurier auf jeder möglichen Oberfläche laufen.

Corythosaurus

HAUT
Die Haut von *Corythosaurus* war mit Schuppen bedeckt.

VERHALTEN
Möglicherweise hat sich *Corythosaurus* anderen pflanzenfressenden Dinosauriern angeschlossen, die in Herden zusammenlebten und regelmäßig umherzogen.

SCHÄDELKÄMME
Die Größe dieser knöchernen Auswüchse variierte je nach Geschlecht und Alter des Tieres.
ARME
Die Arme waren kürzer als die Beine. Dennoch ist dieser Hadrosaurier meist auf vier Beinen gelaufen.

Schädelkämme

In der Welt des Mesozoikums, in der sich viele Jäger und Konkurrenten tummelten, war es für Dinosaurier lebenswichtig, sich verständigen und gegenseitig erkennen zu können; und sie mussten in der Lage sein, sich gegen Angreifer zu verteidigen.

Dinosaurier entwickelten eine ganze Reihe unterschiedlicher Strukturen, die ihnen dabei halfen, Artgenossen zu erkennen. Dazu gehörten auch Fortsätze des Kopfes.

Pflanzenfressende, mit einem Schnabel ausgestattete Dinosaurier wie *Triceratops* wiesen die am weitesten entwickelten Fortsätze von allen auf, mit riesigen Hörnern und gewaltigen Nackenschilden (siehe auch Seite 132 f.). Die vogelähnlichen Dinosaurier wie *Parasaurolophus* hatten hohle Schädelkämme, mit denen sie Laute erzeugen konnten. Dies half ihnen, Mitglieder ihrer Gruppe zu erkennen, die Strukturen waren jedoch nicht stabil genug, um zu ihrer Verteidigung beizutragen. Bei den Pachycephalosauriern dagegen war das Schädeldach kuppelförmig verdickt; eventuell verteidigten sich die Tiere im Kampf durch Kopfstöße.

Einige fleischfressende Theropoden entwickelten ebenfalls seltsam aussehende Schädel. Frühe Dinosaurier, wie z. B. *Dilophosaurus*, hatten Knochenkämme am Kopf. In späterer Zeit, etwa während des Juras, entwickelten sowohl *Cryolophosaurus* als auch *Monolophosaurus* einen Kamm. Bis heute weiß man nicht genau, wofür diese seltsamen Auswüchse genutzt wurden.

PACHYCEPHALOSAURUS
Dieser Dinosaurier lebte am Ende der Kreidezeit zusammen mit *Triceratops* und *Tyrannosaurus rex*.

KOPF
Bei *Pachycephalosaurus* bestand das kuppelartige Schädeldach aus massiven Knochen und einer Reihe von Dornen.

FARBE UND TARNUNG

Das Zusammenspiel von Farben und Mustern (Tarnung) erlaubt es den Tieren, mit ihrer Umgebung zu verschmelzen, sodass sie nur schwer zu erkennen sind. Wissenschaftler glauben, dass auch Dinosaurier Tarnung und andere Anpassungen an ihre Umwelt entwickelten.

Antilope — Edmontosaurus

Dinosaurier, die offene Ebenen bewohnten, zeigten vielleicht eine ähnliche Körperfärbung wie heutige Antilopen.

CHASMOSAURUS
Anhand von Form, Aufbau und Farbe des Kopfes konnte *Chasmosaurus* andere Mitglieder seiner Herde erkennen.

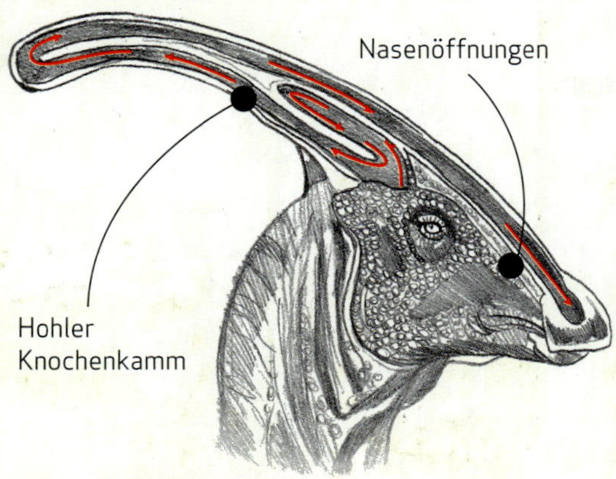

PARASAUROLOPHUS

Die Schädelkämme der Lambeosaurier standen mit den Nasengängen in Verbindung. Sobald Luft hindurchströmte, erzeugte dies einen tiefen Ton.

Vielleicht war *Coelophysis* gestreift wie ein heutiger Tiger, sodass er sich gut im Blattwerk von Pflanzen verbergen konnte.

Tiger

Coelophysis

Hirsch

Talenkauen

Manche Dinosaurier zeigten helle Tupfen oder Flecken wie ein Hirsch – die perfekte Tarnung im Licht- und Schattenspiel eines Waldes.

Panzerung

Sowohl Ankylosaurier als auch Stegosaurier bildeten bizarre Schutzpanzer für den Körper aus, die mit Dornen, Platten und Schilden versehen waren. Bei *Stegosaurus* lief eine Doppelreihe aus Knochenplatten den Rücken entlang. Am Schwanzende trug er vier lange Stacheln, mit denen er sich gegen Angreifer und Konkurrenten verteidigte. Ankylosaurier liefen auf vier Beinen und schützten ihren gedrungenen Körper, indem sie den weichen Bauch gegen den Boden pressten und Angreifern ihren mit Dornen und Knochenplatten bewehrten Rücken entgegenstreckten, an dem Bisse wirkungslos blieben.

Die pflanzenfressenden Dinosaurier *Amargasaurus* und *Agustinia* trugen auf dem Rücken ebenfalls auffällige Hautverknöcherungen in Form von Platten und Stacheln, die sie vor Feinden schützen sollten.

AMARGASAURUS

Der argentinische Paläontologe José Bonaparte fand diesen pflanzenfressenden Dinosaurier aus der Kreidezeit 1991 in Patagonien. Von jedem Wirbel im Hals- und Rückenbereich gehen bis zu 80 cm lange Fortsätze aus. Die Wissenschaftler wissen noch nicht sicher, wofür sie genutzt wurden. Es gab zwei Reihen von Dornen, die auf dem Rücken kleiner wurden, und eine einzelne Reihe nahe der Hüfte.

AGUSTINIA

Agustinia trug auf seinem Nacken, Rücken und Schwanz eine Doppelreihe aus langen Knochenplatten und -stacheln. Diese schützten ihn vor Raubsauriern und könnten auch bei der Wiedererkennung hilfreich gewesen sein.

DORNEN
Wissenschaftler fragen sich, wie diese Dornen wohl im wirklichen Leben ausgesehen haben. Sie könnten lose in der Haut gesteckt oder hornige Auswüchse gewesen sein. Wenn in der Zukunft noch weitere Fossilien entdeckt werden, wird man vielleicht auch die Lösung dieser Frage finden.

RÜCKEN
Möglicherweise hatte *Amargasaurus* einen Fetthöcker entlang seines aufgestellten Rückens.

BEDORNTER HALS
Wenn das Tier seinen Hals nach unten krümmte, zeigte es seinen Fächer aus Stacheln.

KOPF
Amargasaurus hatte einen kleinen Kopf und dünne, zylinderförmige Zähne.

SCHUTZ UND WIEDERERKENNUNG

Der typische Schädel eines Ankylosauriers war verstärkt und mit Knochenplatten geschützt.

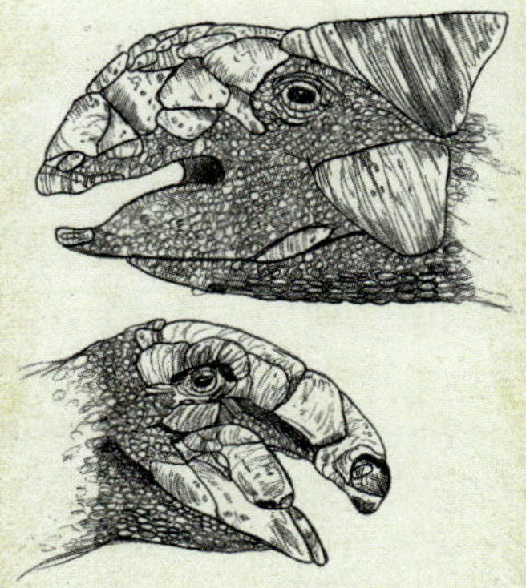

Euoplocephalus und *Edmontonia* hatten durch Knochenscheiben geschützte Augenlider.

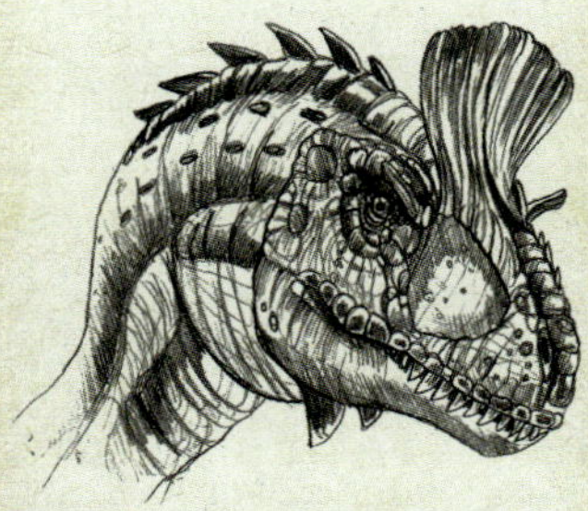

Cryolophosaurus hatte einen fächerförmigen Schädelkamm.

Citipati hatte einen auffälligen, ungewöhnlich hohen Knochenkamm auf seinem Schädel.

Pachycephalosaurus

Pachycephalosaurus bedeutet „Echse mit dickem Kopf". Wahrscheinlich setzten diese Dinosaurier ihren Kopf mit dem verdickten Schädeldach zur Verteidigung ein.

Pachycephalosaurus zählt zu den ungewöhnlichsten Dinosauriern, nicht zuletzt aufgrund seines kuppelförmig verdickten Schädeldachs. Er war biped, mit langen kräftigen Hinterbeinen und kurzen Vorderextremitäten. Die Anordnung der Hüftknochen lässt darauf schließen, dass er einen großen Verdauungstrakt besaß, in dem er enorme Mengen pflanzlicher Nahrung aufnehmen und verdauen konnte. Das Maul lief in einen schmalen Schnabel aus, der mit Zähnen unterschiedlicher Größe ausgestattet war. Am vorderen Ende der Schnauze waren sie kegelförmig und gut zum Abbeißen geeignet, während sie an der Seite eher eine dreieckige Form und gezackte Ränder aufwiesen. Man nimmt an, dass Pachycephalosaurier im Kampf ihren Kopf als Waffe eingesetzt haben. Der kräftig ausgebildete Nacken konnte heftige Zusammenstöße oder seitliche Hiebe abfangen.

Pachycephalosaurier sind eng verwandt mit den Ceratopsiden, mit denen sie zusammen die Gruppe der Marginocephaliden bilden. In dieser Gruppe haben alle Dinosaurier einen Schädel mit einem Auswuchs über dem Nacken. Bei den Ceratopsiden besteht dieser aus zierlichen Halskrausen, bei den Pachycephalosauriern aus einer Reihe zylinderförmiger Höcker.

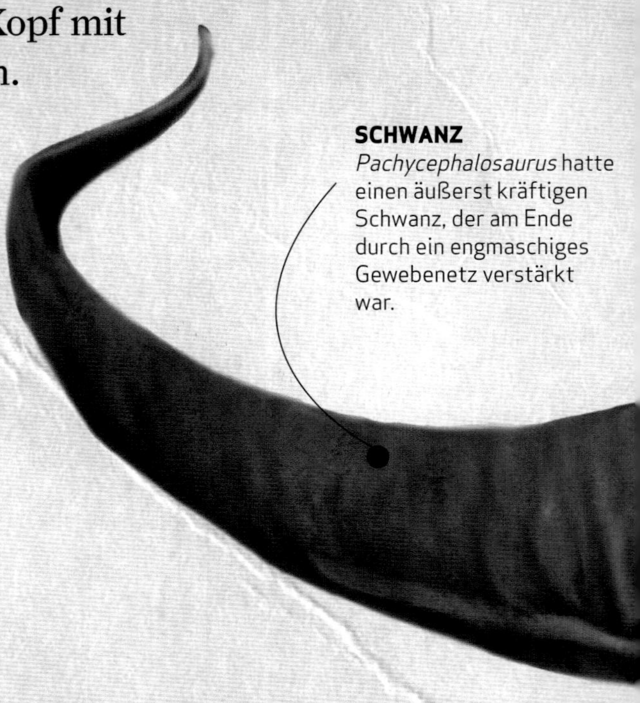

SCHWANZ
Pachycephalosaurus hatte einen äußerst kräftigen Schwanz, der am Ende durch ein engmaschiges Gewebenetz verstärkt war.

SCHNELL UNTERWEGS
Mit seinen langen muskulösen Beinen erreichte *Pachycephalosaurus* beim Laufen hohe Geschwindigkeiten.

GATTUNG: PACHYCEPHALOSAURUS
SYSTEMATIK: ORNITHISCHIA, MARGINOCEPHALIA, PACHYCEPHALOSAURIA

LÄNGE 4,5 m
GEWICHT 450 kg
ERNÄHRUNG Pflanzenfresser

ZÄHNE
Sie waren klein, aber sehr scharf, und gut geeignet, um Blätter und harte Pflanzenteile abzuschneiden.

ARME
Die vorderen Gliedmaßen waren wesentlich kürzer als die Hinterbeine. Sie hatten jeweils fünf Finger, die in Klauen endeten.

VERBREITUNG
Pachycephalosaurus wurde im Westen der USA in Felsformationen der ausgehenden Kreidezeit entdeckt.

Manche Arten der Pachycephalosaurier fand man in Felsen aus der Kreidezeit in der Mongolei.

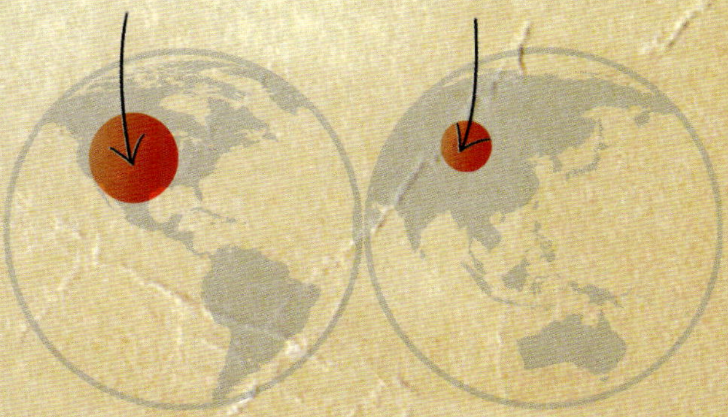

Pachycephalosaurus

In den letzten 20 Millionen Jahren der Kreidezeit entwickelten sich Dinosaurier aus der Gruppe der Marginocephaliden in Nordamerika und Asien. *Pachycephalosaurus* und *Stegoceras* lebten im Westen der USA, *Homocephale* und *Prenocephale* in der Wüste Gobi.

Pachycephalosaurus war mit einer Länge von 4,5 m die größte Art der Marginocephaliden. Das kuppelförmige Schädeldach wurde mit dem Körperwachstum größer; es war bei Männchen größer und stärker gekrümmt als bei Weibchen.

Die Augen von *Pachycephalosaurus* saßen in großen, tiefen Höhlen, wodurch sie bei Kämpfen gut geschützt waren. Die Nackenmuskeln waren kräftig und konnten zusammen mit der Wirbelsäule heftige Stöße abfangen. Das weite Becken half dem Tier, sein Gleichgewicht zu halten.

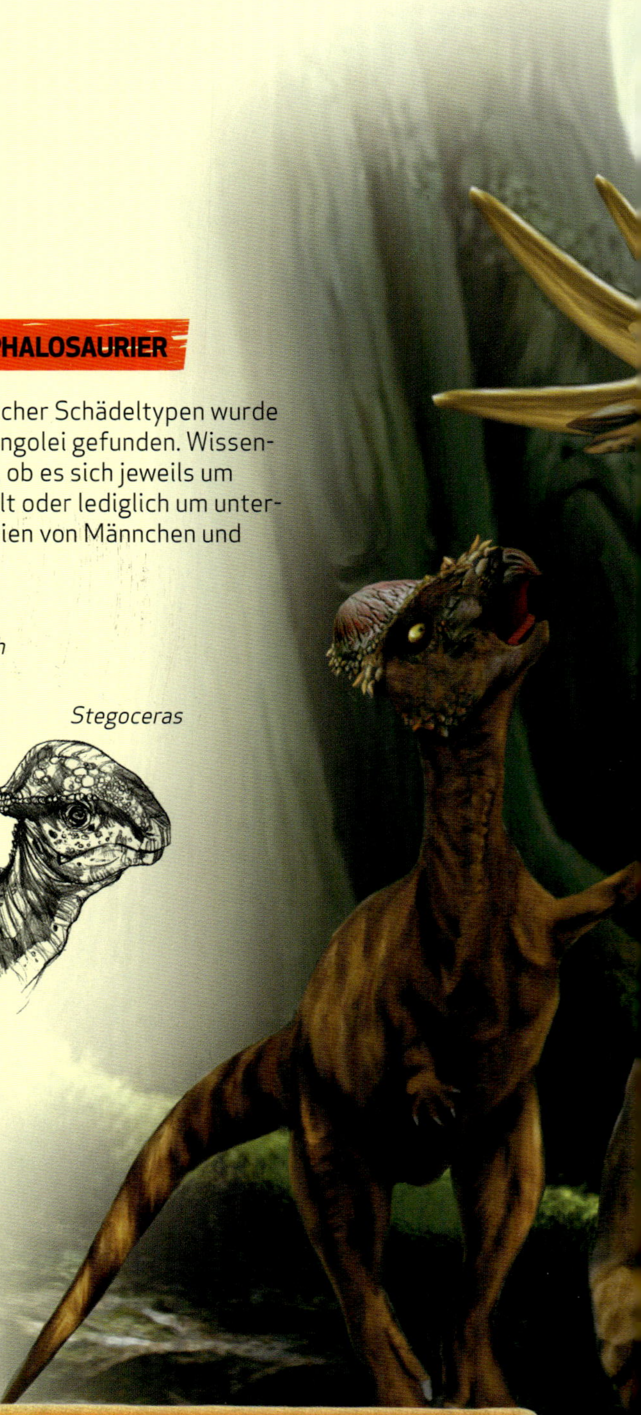

VERSCHIEDENE PACHYCEPHALOSAURIER

Eine große Zahl unterschiedlicher Schädeltypen wurde in Nordamerika und in der Mongolei gefunden. Wissenschaftler sind uneins darüber, ob es sich jeweils um unterschiedliche Arten handelt oder lediglich um unterschiedliche Entwicklungsstadien von Männchen und Weibchen.

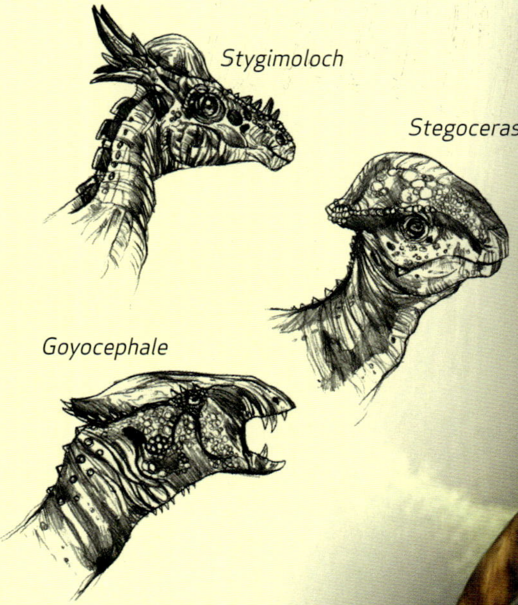

STAMMBAUM

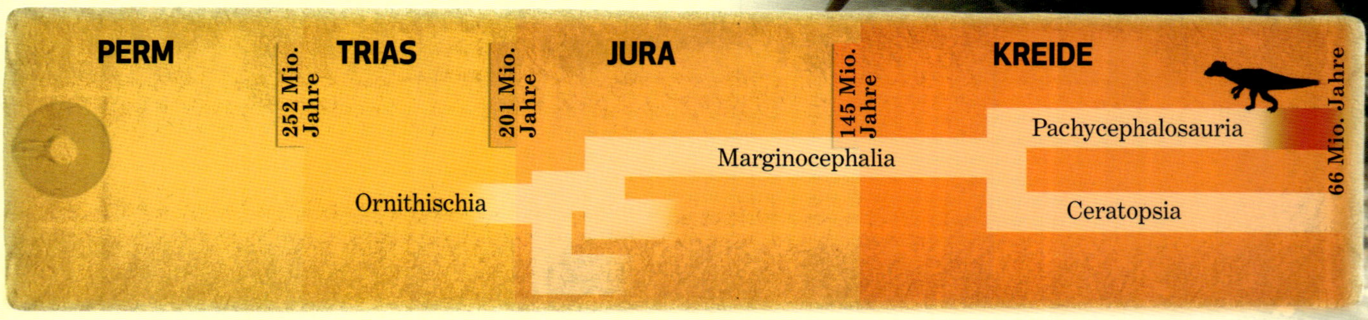

SCHÄDEL
Pachycephalosaurus hatte einen großen Schädel mit einem bis zu 25 cm dicken Dach, hinter dem das kleine Gehirn geschützt war.

Pachycephalosaurus

SCHÄDEL
Der Schädel war über Muskeln und Sehnen mit der Wirbelsäule verbunden. Diese Verstärkung muss eine wichtige Rolle für *Pachycephalosaurus* gespielt haben, allerdings ist bis heute die Bedeutung nicht bekannt.

BECKEN
Nach Ansicht vieler Wissenschaftler diente das breite Becken dazu, seitwärts anzugreifen.

BEINE
Aus der Form der Knochen lässt sich ablesen, dass diese Dinosaurier schnelle Läufer waren.
LANGE WIRBELSÄULE
Lange Zeit glaubte man, *Pachycephalosaurus* habe die Erschütterung beim Zusammenstoßen der Köpfe durch die Länge der Wirbelsäule abgefangen. Heute weiß man, dass der Nacken eher u-förmig war, wodurch diese Theorie nicht länger gültig ist.

Vögel

Anhand der Fossilgeschichte lässt sich der Verlauf der Evolution verfolgen, der letztendlich zur Entwicklung der Vögel aus kleinen gefiederten Theropoden wie beispielsweise *Velociraptor* geführt hat.

CONFUCIUSORNIS
Die urzeitlichen Vögel wie z. B. *Confuciusornis* besaßen Zähne und waren ungefähr so groß wie Tauben.

Der englische Naturforscher Thomas Huxley bemerkte als Erster, dass der fleischfressende *Compsognathus* und der älteste bekannte Vogel, *Archaeopteryx*, den gleichen Typus von Beinen aufweisen. Auf diese Erkenntnis geht die Theorie zurück, dass sich die Vögel aus den Dinosauriern entwickelt haben.

Die Idee einer Verwandtschaft zwischen Vögeln und Dinosauriern wurde von dem Paläontologen John Ostrom (siehe Seite 126) wiederbelebt, als er einen Saurier (*Deinonychus*) aus der Gruppe der Theropoden entdeckte – und damit einige außergewöhnliche Ähnlichkeiten, die dieser mit *Archaeopteryx* teilt.

In jüngster Zeit wurden weitere Indizien gefunden, die diese Theorie stützen. So entdeckten Paläontologen in China viele Hundert vollständige Exemplare von *Caudipteryx* und *Microraptor*, die jeweils unterschiedliche Federtypen aufwiesen. In der Mongolei fand man Skelette von Oviraptoren, die auf ihren Eiern saßen. Allerdings gilt bis heute *Unenlagia* („Halbvogel") als der Dinosaurier, der den Vögeln am ähnlichsten war.

LANGE SCHRITTE
Der Femur (Oberschenkel) war ans Laufen angepasst.

VOM ARM ZUM FLÜGEL

Die Verlängerung von Armen und Federn führte, zusammen mit der Fähigkeit, kräftig zu schlagen, zur Ausbildung von Flügeln.

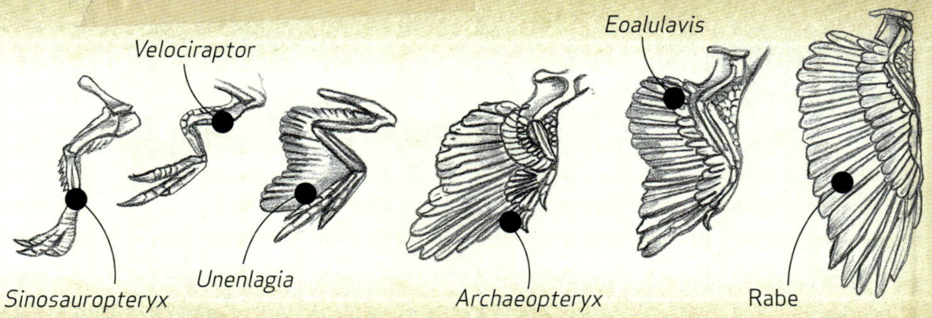

GEFIEDERTE ARME
Unenlagia konnte mit seinen kräftigen Armen schlagen, aber nicht fliegen.

REISSZÄHNE
Unenlagia hatte kleine Zähne, mit denen er Nahrung abreißen, aber nicht kauen konnte.

AKTIVE JÄGER
Mithilfe ihrer großen Augen und Gehirne konnten vogelartige Theropoden die Bewegungen ihrer Beute und die jeweilige Entfernung sehr gut einschätzen.

SKELETT
Die langen Arme von *Unenlagia* zeigen das Stadium, von dem aus die Entwicklung der Flügel der urtümlichen Vögel wie *Archaeopteryx* einsetzte. Die zweiten Zehen der Füße hatten große sichelförmige Klauen, die zum Jagen und Kämpfen verwendet wurden.

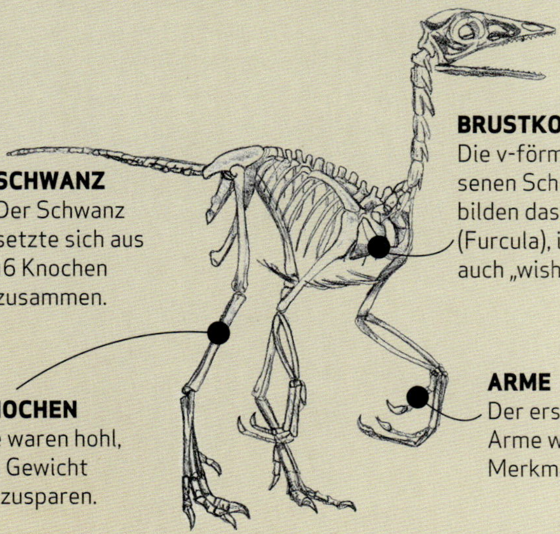

BRUSTKORB
Die v-förmig verwachsenen Schlüsselbeine bilden das Gabelbein (Furcula), im Englischen auch „wishbone“ genannt.

SCHWANZ
Der Schwanz setzte sich aus 16 Knochen zusammen.

KNOCHEN
Sie waren hohl, um Gewicht einzusparen.

ARME
Der erste Finger der Arme war verkürzt – ein Merkmal von Flügeln.

Vögel

Das Skelett von *Unenlagia* wurde in Felsformationen der Kreidezeit in Patagonien gefunden. Man sieht an den Fossilien, dass die Arme dieses fortschrittlichen Theropoden auf die gleiche Weise wie die Flügel der Vögel bewegt wurden. Der Körperbau von *Unenlagia* beweist, dass es auf der Entwicklungsstufe zwischen Theropoden wie *Deinonychus* und urtümlichen Vögeln wie *Archaeopteryx* stand.

Bis vor wenigen Jahren hatte man keine mesozoischen Fossilien mit Federn mehr entdeckt. Der letzte Fund, ein *Archaeopteryx*, stammte aus dem Jahr 1862. Seit den 1990er-Jahren tauchten jedoch zahlreiche kleine Dinosaurier mit gefiedertem Körper in Liaoning (China) auf. Diese Fossilien hatten sich im weichen Schlamm eines Sees aus der frühen Kreidezeit sehr gut erhalten.

MICRORAPTOR

Die Mehrzahl der gefiederten Dinosaurier wird in der Gruppe Maniraptora zusammengefasst. Kleinere Formen, wie *Dilong*, hatten gut entwickelte Federn, während bei größeren Arten selten Federn vorkamen. *Microraptor*, ein Verwandter von *Deinonychus* und *Unenlagia*, war etwa 50 cm lang und hatte vier Flügel! Seine Vorder- und Hinterextremitäten waren mit breiten, langen Federn besetzt, die wohl Gleitflüge ermöglicht haben. *Microraptor* sprang von Ästen ab, nutzte die Vorderflügel zum Gleiten und eventuell auch Flattern sowie seine gefiederten Hinterbeine zum Steuern – ähnlich dem Leitwerk eines Flugzeugs. Wie der Mageninhalt zeigte, jagte er kleine Säugetiere.

BEBRÜTEN DER EIER
Vögel haben das Verhalten, auf ihren Nestern zu sitzen, um die Eier zu schützen und zu wärmen, von ihren Theropoden-Vorfahren wie beispielsweise *Oviraptor* übernommen.

FEDERN DER HINTEREXTREMITÄTEN
Sie dienten als Ruder, um die Richtung des Fluges zu kontrollieren.

IN STEIN GEMEISSELT

Das fossile Skelett des kleinen Theropoden *Mei long* („Schlafender Drache") wurde auf den Fersen sitzend gefunden, Schwanz und Hals um den Körper geschlungen und die Schnauze unter einen Arm gesteckt. Diese Position entspricht der unserer heutigen Vögel, wenn sie brüten oder sich ausruhen.

Fossiles Skelett

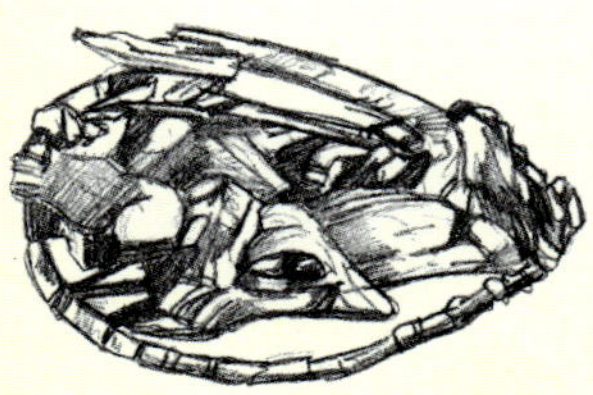

Lebendrekonstruktion

FEDERBÜSCHEL
Die Federn auf dem Körper eines Dinosauriers oder Vogels sind oft auch in Fossilien erhalten. Sie zeigen, an welchen Stellen Federbüschel oder ein Kopfschmuck ausgebildet waren.

VORDERFLÜGEL
Sie dienten zum Gleiten, eventuell auch zum Flattern.

KLAUEN
Microraptor klammerte sich mithilfe seiner Klauen an Ästen fest.

MISSING LINK
Je mehr Fossilien von gefiederten Dinosauriern und urtümlichen Vögeln gefunden werden, desto eher wird man sich dem sogenannten Missing Link zwischen Dinosauriern und Vögeln annähern.

Unenlagia

Caudipteryx

Caudipteryx hatte kleine flügelartige Arme mit Klauen. Die Federn im Schwanzbereich hielten den Körper im Gleichgewicht und dienten dazu, Artgenossen wiederzuerkennen.

Caudipteryx („Schwanz mit Federn") gehört zur Gruppe der Oviraptoren und war etwa so groß wie ein heutiger Truthahn. Er ernährte sich hauptsächlich von wirbellosen Tieren, aber mitunter auch von Pflanzen. *Caudipteryx* hatte einen kleinen Kopf, große hochsitzende Augen, eine kurze Schnauze mit einem Hornschnabel und einige winzige spitze Zähne an dessen Spitze. Manche Exemplare von *Caudipteryx* wiesen im Bereich des Kaumagens Gastrolithen auf, was ein Hinweis sein könnte, dass *Caudipteryx* sich auch von Samen ernährt hat.

An den Fossilien dieses Theropoden lässt sich erkennen, dass der Körper mit kurzen Federn bedeckt war, welche die Körpertemperatur konstant hielten. An den Armen saßen längere Federn, trotzdem eigneten sich die kleinen Schwingen nicht zum Fliegen. Die flügelartigen Arme und die Federn an der Schwanzspitze hielten den Körper im Gleichgewicht, wenn das Tier rannte, speziell, wenn es die Richtung wechseln wollte.

SCHNELLLÄUFER
Die langen Beine erinnern an einen südamerikanischen Nandu und zeigen, dass *Caudipteryx* sehr schnell laufen konnte.

GATTUNG: CAUDIPTERYX
SYSTEMATIK: SAURISCHIA, THEROPODA, MANIRAPTORA

LÄNGE 1 m
GEWICHT 3 kg
ERNÄHRUNG Allesfresser

MOBILITÄT
Der schmale, biegsame Hals erleichterte *Caudipteryx* die Nahrungssuche.

ERNÄHRUNG
Mit seinem schmalen Schnabel konnte *Caudipteryx* kleine Wirbellose in der Rinde von Bäumen erbeuten.

VERBREITUNG
Fossilien von Maniraptoren wurden auf der ganzen Welt gefunden. *Deinonychus* wurde in den USA, *Unenlagia* in Argentinien entdeckt.

Caudipteryx wurde in der Provinz Liaoning (China) zusammen mit Fossilien anderer gefiederter Dinosaurier gefunden.

Caudipteryx

Maniraptoren („Handräuber“) gehören zu den Theropoden, die am engsten mit den Vögeln verwandt sind. Ihre Hände hatten drei lange Finger, die in spitzen, gekrümmten Klauen endeten. Die Arme dieser Dinosaurier waren in Zickzackform angeordnet. Ein System aus Bändern und Gelenken sorgte dafür, dass die Hände automatisch nach vorn gestreckt wurden, sobald sie die Arme ausstreckten – ein Merkmal, das auch Vögel zeigen.

Zu den wichtigsten Maniraptoren zählen Oviraptoren (wie z. B. *Caudipteryx*), Theriziosaurier und Alvarezsaurier (Insektenfresser mit winzigen Armen wie *Alvarezsaurus*, *Patagonykus* und *Mononykus*).

Die wichtigste Gruppe der Maniraptoren waren die Deinonychosaurier. Ihr Name (Schreckensklaue) bezieht sich auf die große sichelförmige Klaue an der zweiten Zehe. Sie jagten alle möglichen Beutetiere entsprechend ihrer Körpergröße: Der kleine *Microraptor* erbeutete kleine Säugetiere, *Velociraptor* griff auch größere Dinosaurier an wie etwa *Protoceratops*, und *Austroraptor* machte sich an Titanosaurier von der Größe eines heutigen Nilpferds heran.

SKELETTE AUS CHINA
Die Dinosaurier-Exemplare aus Liaoning (China) wurden in Gesteinsschichten konserviert, die über 125 Millionen Jahre alt sind. Darin fanden sich *Caudipteryx*, aber auch Reste anderer gefiederter Dinosaurier wie *Dilong* und *Sinorthosaurus*.

VOGELARTIG

Zu den Maniraptoren zählen viele verschiedene Arten vogelartiger Theropoden, die eine große Bandbreite hinsichtlich Ernährungsweise und Entwicklungsstadien ihrer Arme aufweisen.

STAMMBAUM

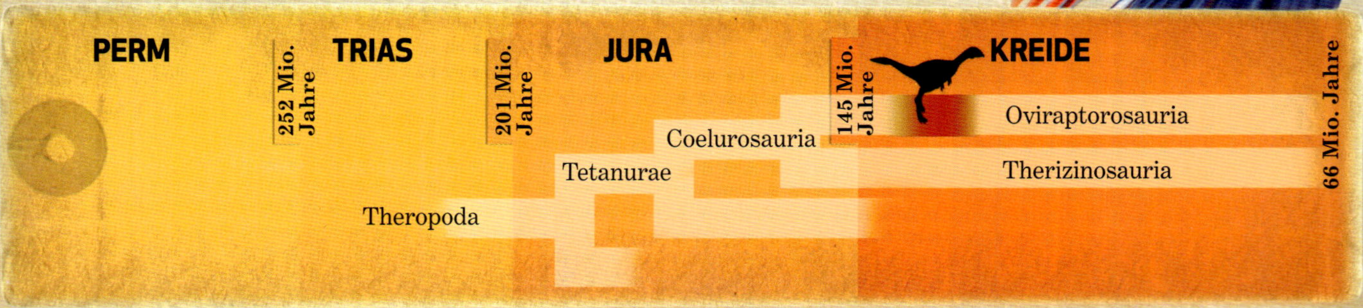

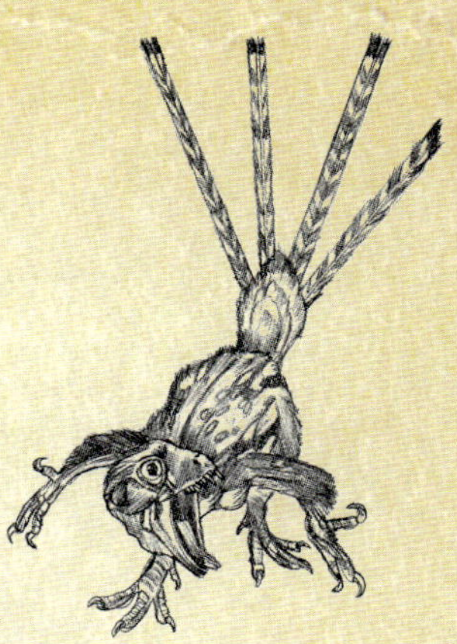

BALZ
Caudipteryx präsentierte möglichen Geschlechtspartnern sein prachtvolles Federkleid in sich rhythmisch wiederholenden Bewegungen.

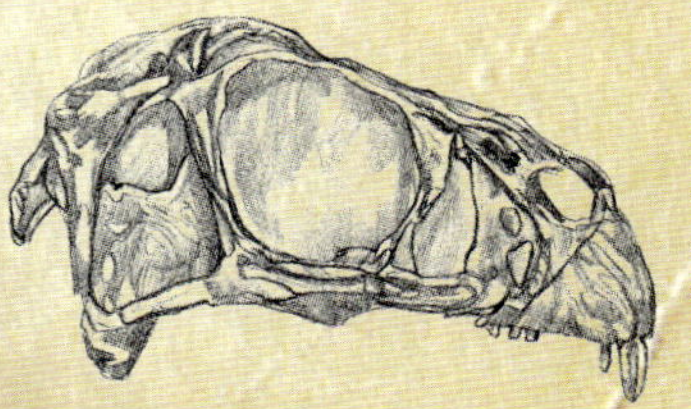

INCISIVOSAURUS
Der enge Verwandte von *Caudipteryx* besaß große Zähne im vorderen Bereich der Schnauze, ähnlich wie die Rodentia (Nagetiere). Der Schädel war etwa 10 cm lang.

Caudipteryx

SCHÄDEL
In dem kleinen Schädel saßen große Augen. Die Schnauze endete in einem Hornschnabel.
GEFIEDERTER SCHWANZ
Spuren auf der Haut zeigen, dass die Federn an der Schwanzspitze fächerartig angeordnet waren.

PRÄHISTORISCHE REPTILIEN

Während des Mesozoikums gab es neben den Dinosauriern noch eine große Anzahl weiterer Reptilien, von denen viele eine gigantische Größe erreichten.

Leben in der Tiefe

Im Mesozoikum beherrschten Dinosaurier das Land. Doch im Wasser der Meere und Ozeane tummelten sich viele Reptilienarten, die nur entfernt mit den Dinosauriern verwandt waren.

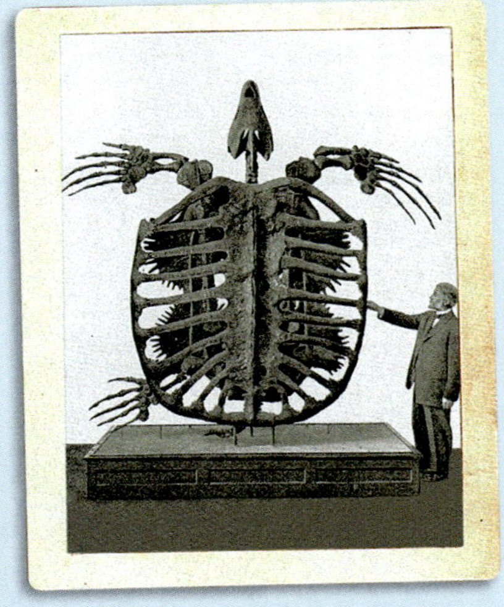

ARCHELON
Archelon war eine gigantische Meeresschildkröte, die vor 70 Millionen Jahren in den Gewässern um Nordamerika lebte. Sie erreichte einen Durchmesser von 4 m! Dinosaurier aus der Gruppe der Theropoden fraßen gern ihre Eier, die sie am Strand im Sand vergrub.

Eine Vielzahl unterschiedlicher Tierarten bevölkerte während des Mesozoikums die Meere. Panthalassa, der Ozean, der den Superkontinent Pangaea umschloss, beherbergte viele Gruppen von Wirbellosen, wie beispielsweise Quallen, Korallen, Ammoniten, Austern, Seeigel, Seelilien und Krebse. Neben diesen Wirbellosen gab es auch verschiedene Fisch- und Reptilienarten, darunter Ichthyosaurier (die ähnlich wie Delfine aussahen), Plesiosaurier, Mosasaurier und verschiedene Arten von Krokodilen. Diese Reptilien waren Teil eines Prozesses, der oft als Revolution des marinen Lebens im Mesozoikum bezeichnet wird. Sie begann vor etwa 150 Millionen Jahren und brachte eine Fülle an tierischem Leben hervor.

Obwohl einige Reptilien ihren Ursprung an Land hatten, konnten sie sich erfolgreich an ein Leben im bzw. unter Wasser anpassen. Veränderungen in ihrem Körper und in ihren Lungen ermöglichten es ihnen, sich elegant im Wasser zu bewegen. Plesiosaurier entwickelten beispielsweise flossenartige Extremitäten, mit denen sie ausgezeichnet schwimmen konnten.

BEUTEGREIFER
Plesiosaurier gehörten zu den größten Raubtieren in den Meeren und Seen.

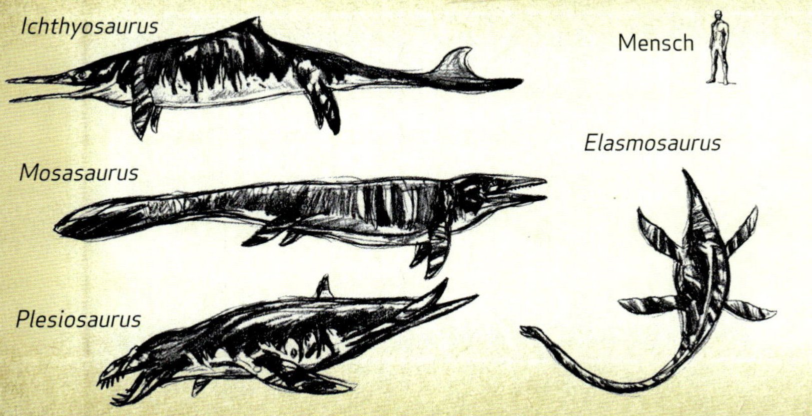

MEERESREPTILIEN

Plesiosaurier, Ichthyosaurier und Mosasaurier gehörten zu den Reptilien, die im Mesozoikum die Meere bevölkerten.

ELASMOSAURUS
Dieser Saurier hatte einen extrem langen Hals, der aus mehr als 70 Knochen bestand.

URSPRUNG DER FLOSSEN

Die Plesiosauriden werden in die Gruppe der Sauropterygia („Flossenechsen") eingeordnet. Die ursprünglichsten Arten dieser Gruppe hatten noch keine Flossen, allerdings waren ihre Finger durch eine dünne Hautschicht verbunden, die ihnen half, sich durchs Wasser zu bewegen.

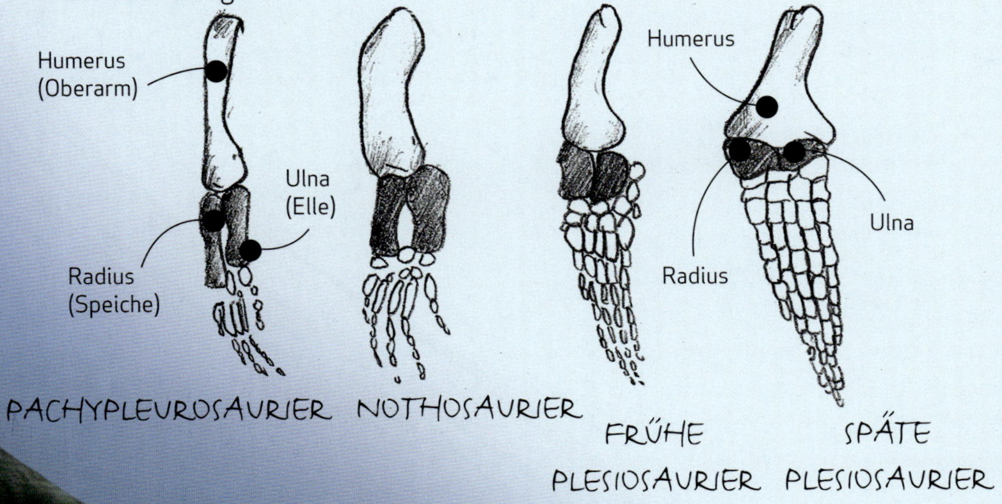

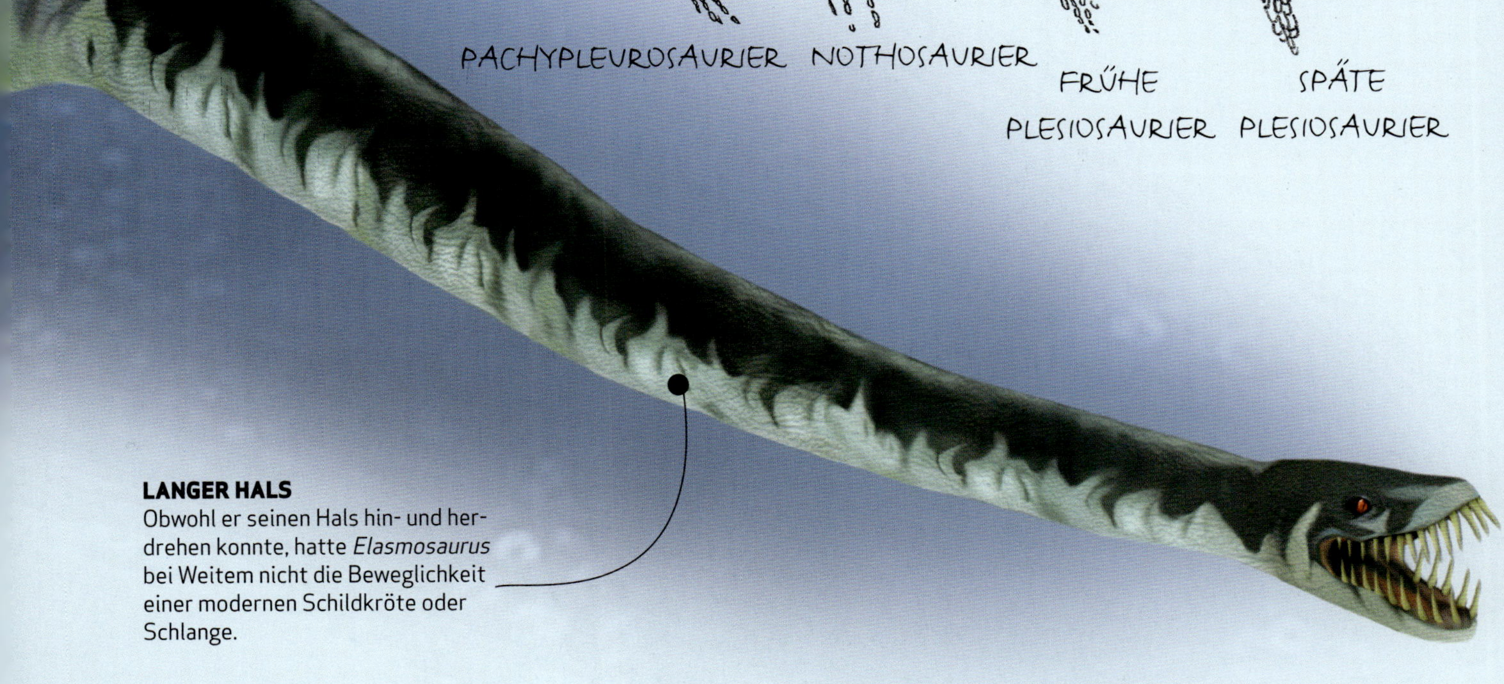

LANGER HALS
Obwohl er seinen Hals hin- und herdrehen konnte, hatte *Elasmosaurus* bei Weitem nicht die Beweglichkeit einer modernen Schildkröte oder Schlange.

Liopleurodon

Liopleurodon **zählte im Jura zu den größten Räubern der Meere; er besaß nadelspitze Zähne und mächtige Kiefer.**

Dieser gewaltige Plesiosaurier ist aufgrund seiner enormen Größe und Körperstruktur eines der faszinierendsten Meeresreptilien. Er lebte während des Juras im Gebiet des heutigen Europa. *Liopleurodon* gehört zu den Pliosauriern (Plesiosaurier mit kurzem Hals), hatte einen gewaltigen Kopf, einen mächtigen Körper, mit dem er geschmeidig durchs Wasser gleiten konnte, und vier Flossen.

Das erste Stück, das von diesem riesigen Reptil gefunden wurde, war ein Teil eines Zahns in Nordfrankreich. Der französische Paläontologe Henri Emile Sauvage beschrieb das Tier 1873. Ihm fiel auf, dass der Zahn auf einer Seite gefurcht, auf der anderen jedoch völlig glatt war. Daraufhin nannte er das Tier *Liopleurodon* („Glattseitenzahn"). Seit damals wurden weitere Zähne und andere Überreste gefunden, darunter auch Skelettteile von *Liopleurodon ferox* sowie von zwei weiteren Arten, *Liopleurodon pachydeirus* und *Liopleurodon rossicus*.

VOM LAND INS MEER
Die Vorfahren von *Liopleurodon* waren landlebende Reptilien. Mit ihrer Anpassung an das Leben unter Wasser nahmen ihre Gliedmaßen allmählich die Form von paddelähnlichen Flossen an.

GATTUNG: LIOPLEURODON
SYSTEMATIK: PLESIOSAURIA, PLIOSAUROIDEA, PLIOSAURIDAE

LÄNGE 6 m – 10,5 m
GEWICHT 5 t
ERNÄHRUNG Fleischfresser

ZÄHNE
Ober- und Unterkiefer ist jeweils mit bis zu 28 Zähnen besetzt, die von langen kräftigen Wurzeln gehalten werden. Die Fangzähne im vorderen Bereich haben einen runden, die übrigen Zähne einen dreieckigen Querschnitt.

VERBREITUNG
Überreste von *Liopleurodon ferox* wurden in Frankreich, Deutschland und England gefunden. *Liopleurodon pachydeirus* wurde in England und *Liopleurodon rossicus* in Russland entdeckt.

Liopleurodon

Die genaue Größe dieser Tiere konnte immer nur geschätzt werden, da Skelette von *Liopleurodon* lediglich in Bruchstücken aufgefunden wurden. Der größte bis dahin entdeckte Schädel ist ca. 1,5 m lang. Danach wurde die gesamte Körperlänge des Reptils auf 6 bis 10,5 m geschätzt. Diese Beobachtungen stimmen auch mit der Größe von Bissspuren überein, die an den Knochen der Beutetiere von *Liopleurodon* gefunden wurden.

Im Jahr 2002 entdeckte man Stücke eines riesigen fossilen Skeletts nahe der Stadt Aramberri in Mexiko, dem die Medien den Namen „Monster von Aramberri" gaben. Dabei handelt es sich möglicherweise um einen Pliosaurier, wobei man ursprünglich annahm, es könnte *Liopleurodon* sein, was mittlerweile jedoch als unwahrscheinlich gilt. Die Berichte über seine mögliche Größe wurden jedenfalls stark übertrieben.

Pliosaurier-Fossilien von der Inselgruppe Spitzbergen erhielten die Namen „The Monster" und „Predator X", als sie 2007 und 2009 auf die Titelseiten der Zeitungen kamen. Man nimmt an, dass diese Tiere eine Länge von bis zu 15 m erreichten.

ERSTE FUNDE
Die ersten Exemplare von *Liopleurodon* wurden in Lehmgruben in Frankreich und England gefunden. Darunter waren auch die berühmten Oxford Clay Gruben nahe Peterborough, die viele Exemplare aus dem Mittleren Jura enthielten.

STAMMBAUM

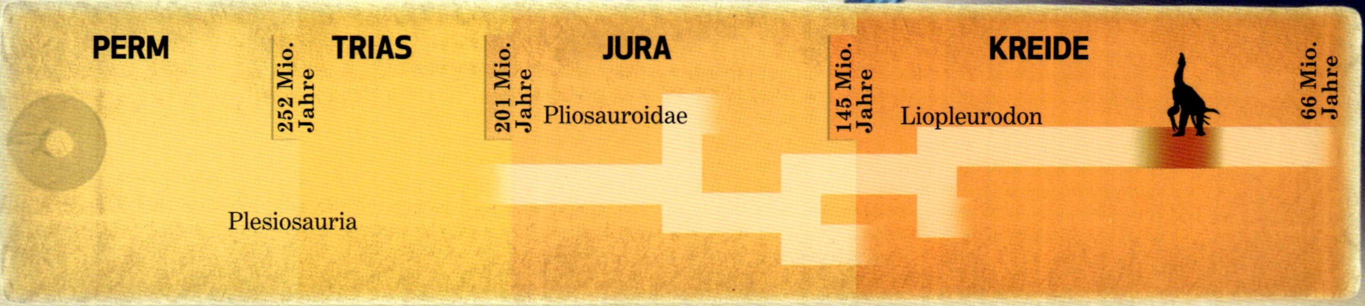

ANGRIFF

Liopleurodon besaß fünf bis sieben Paar Zähne, die lang und scharf aus der Spitze seines Mauls herausragten, und viele weitere in jedem Kieferknochen. Die Zähne sind denen heutiger Killerwale sehr ähnlich, daher vermutet man auch ein ähnlich gemeinschaftliches Jagdverhalten oder Überraschungsangriffe auf Beutetiere am Strand.

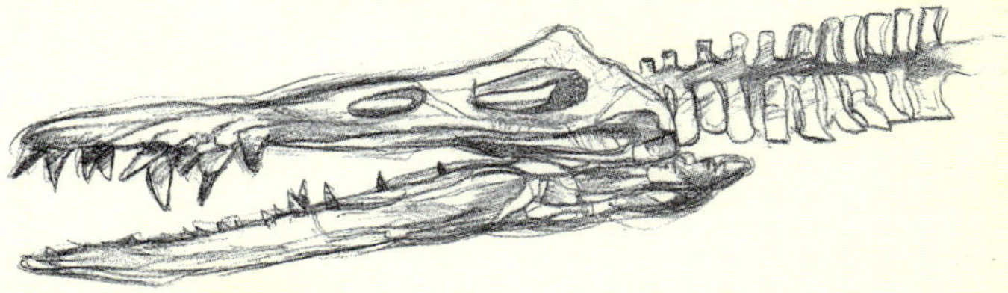

DER ANGRIFF
Liopleurodon konnte dank kurzer schneller Bewegungen seiner Flossen mit hoher Geschwindigkeit durchs Wasser jagen, um seine Beute zu packen und zu töten.

Liopleurodon

KOPF
Liopleurodon hatte einen abgeflachten Kopf wie ein Krokodil. Sobald er seine Beute gepackt hatte, hat er sie wahrscheinlich herumgewirbelt, um Fleischstücke herauszubrechen und danach zu verschlingen.

TÖDLICHE STRUKTUR
Der dreieckige Kopf mit den Zähnen erlaubte es *Liopleurodon*, aus seinen Opfern Fleischstücke herauszureißen.

FORTPFLANZUNG
Möglicherweise hatte *Liopleurodon* nur ein ein Junges, dem dann die volle Aufmerksamkeit seiner Mutter zugutekam.

BEWEGUNG DER FLOSSEN
Liopleurodon hatte lange, breite Flossen mit kräftiger Muskulatur. Wenn der Pliosaurier durchs Wasser jagte, bewegte er abwechselnd die vorderen und die hinteren Flossen.
GASTROLITHEN
Man weiß, dass *Liopleurodon* Steine verschluckte, um damit die Nahrung leichter zu verdauen.

Flugsaurier

Pterosaurier waren die ersten fliegenden Wirbeltiere. Sie lebten meist an Küsten von Meeren und großen Gewässern, kamen aber auch im Landesinneren vor. Obwohl es zahlreiche Formen und außergewöhnliche Anpassungen gab, verschwanden die Flugsaurier, ohne irgendwelche Abkömmlinge zu hinterlassen.

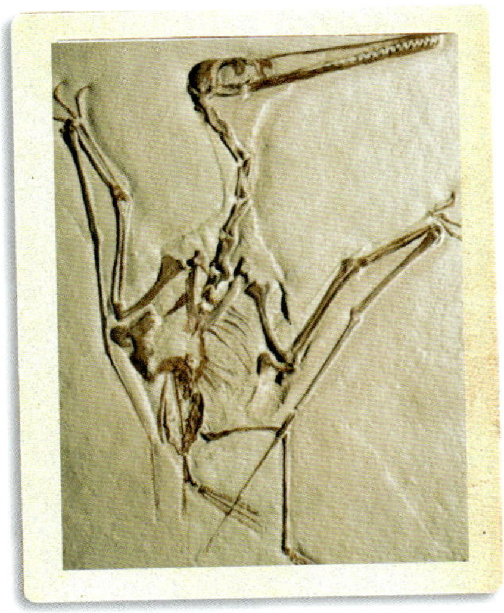

ZART UND ZERBRECHLICH
Die Knochen von *Pterosaurus* waren leicht und hohl, was ihre Fossilisierung schwierig machte. Es gab in früheren Zeiten nur wenige Funde und deshalb auch nur sehr wenig detailliertes Wissen über diese Tiere. Heute liegen viele gut erhaltene Fossilien für die wissenschaftliche Auswertung vor, und die Erkenntnisse sind dementsprechend umfangreicher.

Der Name *Pterosaurus* bedeutet „Geflügelte Echse“. Die Tiere lebten während des Mesozoikums, das etwa vor 225 Millionen Jahren begann und bis vor 66 Millionen Jahren dauerte, dem Ende der Kreidezeit. Pterosaurier waren fliegende Reptilien, deren Vordergliedmaßen zu Flügeln umgestaltet waren. Der vierte Finger war extrem lang und spannte eine elastische Flughaut.

Pterosaurier sind mit den Dinosauriern verwandt, allerdings sind bis heute keine Fossilien ihrer gemeinsamen Vorfahren entdeckt worden. Man nimmt an, dass es sich bei diesen um baumbewohnende Reptilien mit Hautfalten handelte, die sie zum Gleiten verwendet haben.

Im Jahr 1767 tauchten die ersten Überreste eines Flugsauriers in Deutschland auf. Seit damals wurden viele verschiedene Theorien über diese Tiere aufgestellt – man hatte sogar vermutet, dass sie im Wasser lebten. Heute wissen wir, dass es gute Flieger waren.

Zusammen mit Vögeln und Fledertieren sind die Pterosaurier die einzigen Wirbeltiere, die fliegen konnten.

FLUG

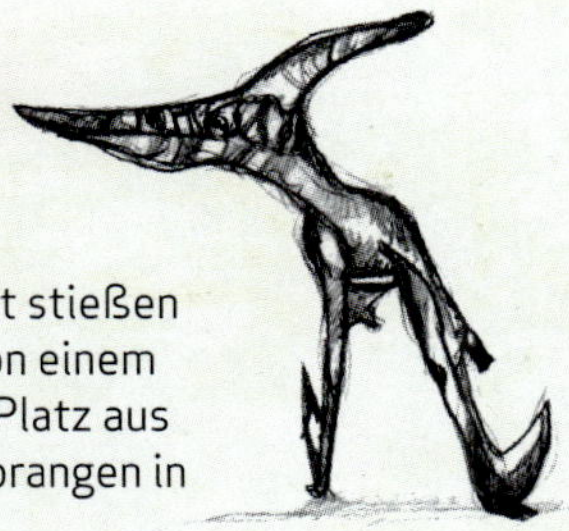

START
Beim Start stießen sie sich von einem erhöhten Platz aus ab oder sprangen in die Luft.

LANDUNG
Sie landeten auf den Hinterbeinen und brachten anschließend den Körper ins Gleichgewicht.

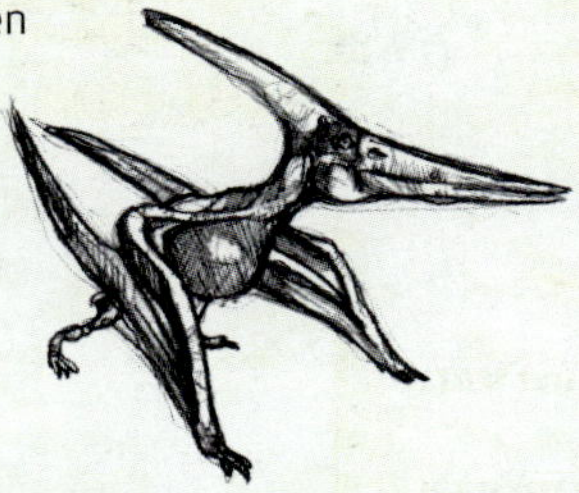

ERNÄHRUNG
Pterosaurier fingen Fische, wobei sie dicht über der Wasseroberfläche flogen. Manche Arten ernährten sich von Früchten, Insekten, kleinen Wirbeltieren oder Aas.

SANTANA-FORMATION
In der frühen Kreidezeit lebten mehrere Arten von Pterosauriern an den Ufern eines flachen Binnensees in Brasilien. In dessen Ablagerungen, die als Santana-Formation (benannt nach einem nahegelegenen Dorf) bekannt wurden, fand man viele Fossilien.

Pteranodon

Pteranodon war ein fliegendes Reptil mit Flügeln und einem zahnlosen Schnabel. Der Name bedeutet dementsprechend „geflügelt und zahnlos“.

Pteranodon, ein Pterosaurier aus der Oberkreide, wurde in Nordamerika gefunden. Die Männchen erreichten eine Flügelspannweite von 6 m. Pteranodon war hervorragend an das Fliegen angepasst; seine Nahrung bestand aus Fischen, die er aus dem Wasser zog, während er darüber hinwegglitt. Man vermutet, dass dieses fliegende Reptil in größeren Gruppen (Kolonien) auf Felsinseln lebte und nistete.

Im Gegensatz zu seinen urtümlicheren Verwandten, den Rhamphorhynchoiden, die während des Juras lebten, besaß Pteranodon keine Zähne. Allerdings wies er einen Schädelkamm auf, der dazu diente, Individuen zu unterscheiden und Geschlechtspartner anzulocken. Erwachsene Männchen hatten Schädelkämme, deren Spitze nach hinten über den Kopf hinausragte, während die Kämme der Weibchen weniger ausgeprägt waren. Im Allgemeinen waren die Weibchen kleiner als die Männchen, mit Flügelspannweiten von ca. 3 m.

Obwohl sie von gemeinsamen Vorfahren abstammen, sind Pterosaurier weder Dinosaurier noch Vögel. Bei ihnen wird der Flügel von einer Flughaut gebildet, die durch den extralangen vierten Finger der Hand aufgespannt wird. Vögel haben keine Flughaut, sondern Federn.

GATTUNG: PTERANODON
SYSTEMATIK: PTEROSAURIA, PTERODACTYLOIDEA, PTERANODONTIDAE

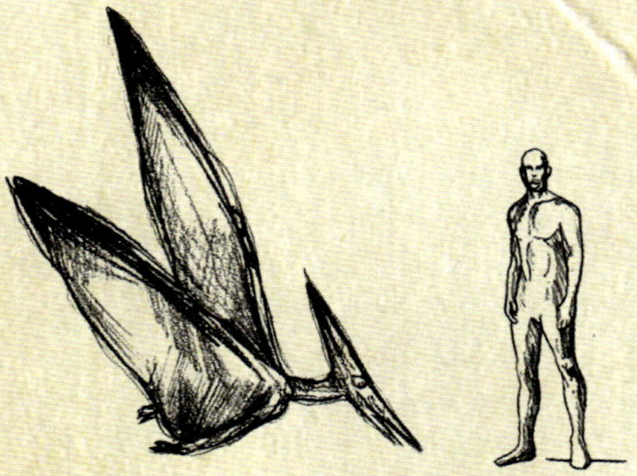

LÄNGE 6 m
GEWICHT 50 kg
ERNÄHRUNG
Fischfresser

ANUROGNATHUS

Anurognathus war ein kleiner Pterosaurier, der gegen Ende des Jurazeitalters lebte. Er erreichte eine Flügelspannweite von 50 cm und ernährte sich von Insekten, die er im Flug fing.

VERBREITUNG

Pteranodon wurde nur im Zentrum Nordamerikas gefunden.

Pterosaurierfunde in Asien gehören vermutlich zur Familie der Azhdarchiden, zu der *Zhejiangopterus* aus China und *Azhdarcho* aus Usbekistan gehören.

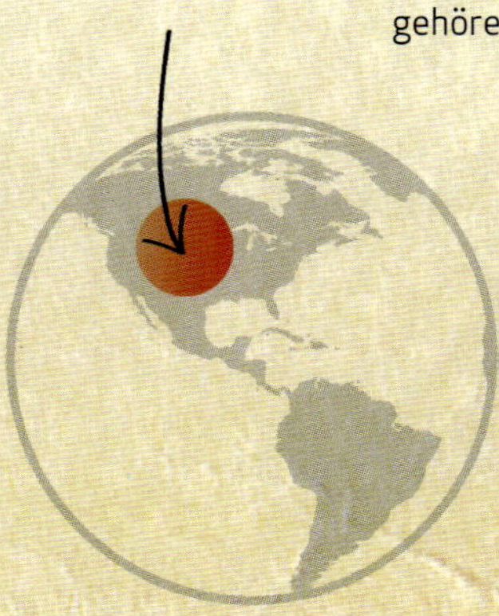

BEWEGUNG

Pteranodon war ganz aufs Fliegen ausgerichtet; auf dem Boden wirkte das Reptil eher unbeholfen. Obwohl es sich auf allen vier Extremitäten fortbewegen konnte, waren seine Hinterbeine klein und schwach, sodass es nicht fähig war, schnell zu rennen.

Pteranodon

Die frühesten Vorläufer der Pterosaurier, die Rhamphorhynchiden, erschienen in der Trias. Sie hatten schnabelförmige Schnauzen, spitze Zähne und einen langen Schwanz, der in einem rautenförmigen Hautlappen endete. Weitere Vorläufer waren die Pterodactyloiden („geflügelter Finger"), die im Jurazeitalter auftauchten. Die Rhamphorhynchiden waren bis zur Kreidezeit wieder ausgestorben, aber die Pterodactyloiden überlebten und wurden die am häufigsten auftretenden Flieger des Mesozoikums. Pterodactyloiden haben einen kurzen Schwanz, einen langen Schädel und einen wesentlich längeren Hals als die Rhamphorhynchiden.

SCHÄDEL
Im Schnabel eines Exemplars von *Pteranodon* wurde ein fossiler Bolus (Bissen gekauter Nahrung) gefunden, der aus Fischgräten bestand.

FÜTTERN DER JUNGEN
Pteranodon bewahrte Fisch in seinem Kehlsack auf; auf diese Weise konnte er die Nahrung zum Nest transportieren und seine Jungen damit füttern.

RIESIGE PTEROSAURIER
Reptilien aus der Familie Azhdarchiden, wie z. B. *Quetzalcoatlus*, waren mit 11 m Flügelspannweite die größten flugfähigen Tiere der Erdgeschichte. Sie liefen auf vier Beinen, hatten einen aufrechten, lang gestreckten Hals und sahen aus wie heutige Giraffen.

STAMMBAUM

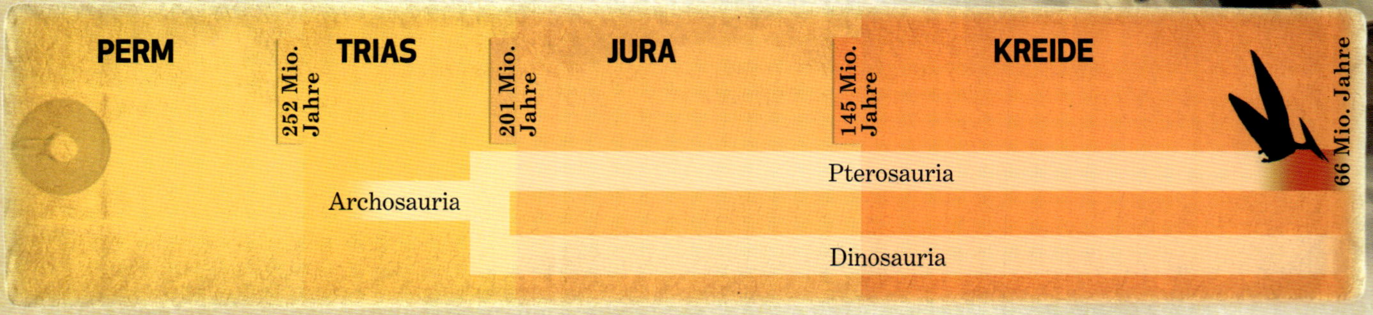

KOPF UND SCHNABEL

Bei den Pterodactyloiden war der Schnabel hinsichtlich Form und Größe an unterschiedliche Ernährungsweisen angepasst. Dadurch waren sie in der Lage, so verschiedene Beutetiere wie Insekten, kleine Reptilien, Fische und Schalentiere zu erbeuten.

Germanodactylus

Ctenochasma

Gnathosaurus

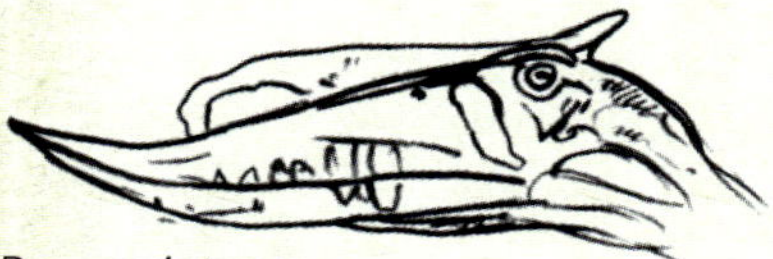

Dsungaripterus

Anhanguera

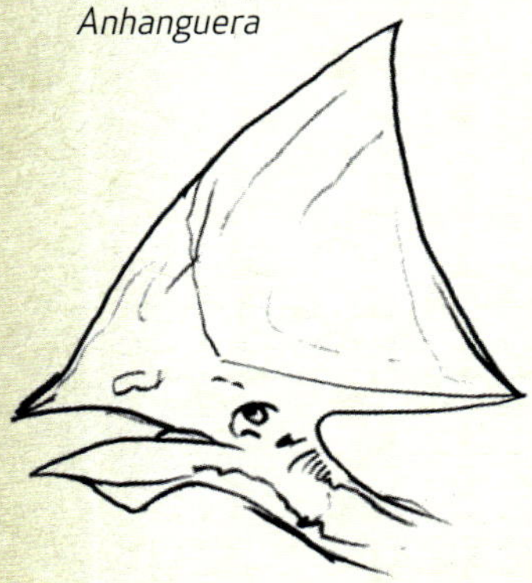

Tupandactylus imperator

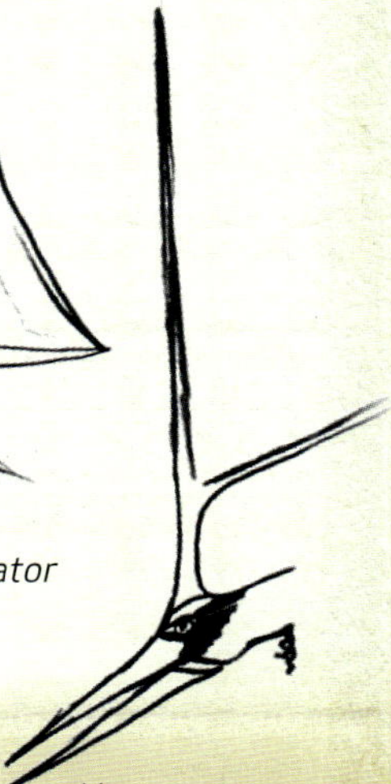

Nyctosaurus

Pteranodon

HALTUNG
An Land bewegten sich Pterosaurier auf ihren vier Extremitäten. Sie bogen hierfür ihre Finger und damit ihre Flügel nach oben.

HÄNDE
Pterosaurier hatten drei innere Finger, die alle Klauen trugen. Ein spezieller Knochen, das Pteroid, fungierte als Stütze für den vorderen Teil des Flügels.

SCHÄDELKÄMME
Eines der auffälligsten Merkmale von *Pteranodon* war der Schädelkamm, ein knöcherner Fortsatz, der je nach Alter, Geschlecht und Spezies variierte. Vermutlich war er farbenprächtig und über dünne Hautfalten mit dem Nacken verbunden.

SKELETT
Die Knochen waren hohl. Der Hals war sehr beweglich, der Schwanz ziemlich kurz.

FLÜGEL
Die Flügel wurden von einem großen Hautlappen gebildet, der zwischen dem langen vierten Finger der Hand und dem Rumpf aufgespannt war und auch die hinteren Gliedmaßen mit einbezog.

DAS ENDE DES MESOZOIKUMS

Vor rund 66 Millionen Jahren verschwanden die Dinosaurier plötzlich von der Erdoberfläche, zusammen mit einer großen Zahl weiterer Wirbeltiere. Die Gründe dafür sind bis heute nicht eindeutig geklärt.

Warum starben die Saurier aus?

Die Dinosaurier traten erstmals in der Trias auf, wo sie den Platz der Synapsiden und anderer Reptilien einnahmen. Im Jura entwickelten sie sich zu riesenhaften Formen, in der Kreidezeit dominierten sie den Planeten – bis zu ihrem plötzlichen rätselhaften Verschwinden.

Das Erdmittelalter (Mesozoikum) begann vor 252 Millionen Jahren, nachdem die meisten Synapsiden am Ende des Perms einem Massensterben zum Opfer gefallen waren. Es ist die Zeit, in der die Reptilien die am meisten verbreitete Wirbeltiergruppe bildeten, mit zum Teil riesenhaften Arten. Dazu gehörten im Wasser und auf dem Land lebende Tiere wie Dinosaurier und Krokodile sowie flugfähige Formen wie Pterosaurier und Vögel.

Das Mesozoikum endete vor 66 Millionen Jahren auf die gleiche Weise, wie es begonnen hatte: mit einem Massenaussterben von Arten. Am Ende der Kreidezeit gab es keine größeren Tiere mehr auf der Erde!

Viele Theorien wurden aufgestellt, um dieses Ereignis zu erklären. Zu den bekanntesten zählt diejenige, dass ein gewaltiger Meteorit (ein Gesteinsbrocken aus dem All) auf der Erde einschlug. Obwohl nichts bewiesen ist, nimmt man heute an, dass ein dramatisches Ereignis zum Aussterben vieler Arten an Land und im Meer geführt und das „goldene Zeitalter“ der Reptilien beendet hat.

TÖDLICHE WIRKUNG

Man nimmt an, dass ein großer Meteorit mit der Erde zusammenstieß. Als Folge dieses Aufpralls wurden riesige Mengen an Staub, Rauch und Dampf in die Erdatmosphäre geschleudert und lösten damit eine weltweite Klimakatastrophe aus. Andere Theorien gehen davon aus, dass Vulkanausbrüche große Mengen von Gasen und Asche freigesetzt haben, wodurch es zu einem Absinken der Durchschnittstemperaturen und zu saurem Regen kam. Auf lange Sicht könnten Staub und Asche die Sonneneinstrahlung so stark reduziert haben, dass viele Tier- und Pflanzenarten ausstarben.

IRIDIUMSCHICHT
Der ungewöhnlich hohe Gehalt dieses seltenen chemischen Elements, der in Felsen der Oberkreidezeit gemessen wurde, spricht dafür, dass ein Meteorit auf der Erde eingeschlagen ist.

VERSTEINERTE BIENEN
Viele Tiergruppen, darunter auch die Insekten, schafften es, die Katastrophe zu überleben.

CHICXULUB-KRATER

Ein Krater auf der Halbinsel Yucatán (Mexiko) entstand durch einen Meteoriten von ca. 10 km Durchmesser, der gegen Ende der Kreidezeit auf die Erde stürzte. Manche Wissenschaftler glauben, dass dieser Aufprall zum Aussterben der Saurier geführt haben könnte.

Eiszeitliche Riesen I

Riesige typischerweise einige 100 kg schwere Tiere traten vermehrt in der Mitte und gegen Ende des Känozoikums auf. Sie werden unter dem Begriff „Megafauna" zusammengefasst. Auch sie verschwanden plötzlich vor ca. 50 000 Jahren aus Gründen, die wir bis heute nicht kennen.

T Das Pleistozän ist die letzte große Zeitepoche des Känozoikums (siehe Seite 11). Es begann vor ungefähr 2,5 Millionen Jahren. In dieser Periode kam es zu mehreren Eiszeiten; sie sorgten für ein kaltes Klima, in dem sich riesige Tiere (Megafauna) entwickelten.

Gewaltige Mammuts und Mastodons, größer als Elefanten, erschienen zusammen mit erschienen zusammen mit Wollnashörnern, Höhlenbären und Riesenhirschen, deren Geweih 3,5 m erreichte. Die enorme Größe vieler Arten könnte am Fettspeicher liegen, mit dem sie im kalten Klima einem Temperaturverlust vorbeugten. Während dieser Periode trennten sich sowohl Südamerika als auch Australien von den übrigen Landmassen. Dadurch entwickelte sich ihre Fauna anders als in der restlichen Welt. Känguru-ähnliche Tiere erschienen, doch in Australien erreichten sie eine enorme Größe. Bestimmte Tiergruppen traten nur in Südamerika auf; dazu gehören Xenarthra (Nebengelenktiere), die heute von Gürteltieren, Faultieren und Ameisenbären vertreten werden. Weitere große Säugetiere Südamerikas waren bodenlebende Riesenfaultiere, darunter *Glossotherium, Lestodon* und *Megatherium.*

GRÖSSE
Das größte Mammut war 4 m hoch und 9 t schwer; allerdings könnten manche Männchen noch größer geworden sein.

MAMMUT
Das Mammut ist mit den Elefanten unserer Tage verwandt.

ARTEN

Die meisten Arten der Megafauna starben aus, aber einige haben Nachfahren unter den heute lebenden Tieren.

Macrauchenia

Glyptodon

Toxodon

Eiszeitliche Riesen 2

Vor ca. 50 000 Jahren verloren Europa und Asien mehr als ein Drittel ihrer großen Säugetierarten, und in Nordamerika verschwanden sogar fast drei Viertel.

In Südamerika starb die gesamte Megafauna aus. Dieses weltweite Massensterben geschah zur selben Zeit und lag wahrscheinlich am Absinken der Durchschnittstemperatur des Planeten. Zur selben Zeit schritt die Entwicklung des Menschen auf jedem Kontinent voran. Möglicherweise trug auch die Überjagung durch den Menschen zum Aussterben der großen Säugetierarten bei.

MEGAFAUNA IN AUSTRALIEN

Keine der großen Arten, die vor 50 000 Jahren in Australien lebten, gibt es heute noch. Viele Fossilien dieser Megafauna wurden im Naracoorte-Caves-Nationalpark im Süden Australiens entdeckt, darunter Skelette von *Procoptodon, Diprotodon* und *Thylacoleo.*

THYLACOLEO
Thylacoleo war ein Löwe, der zur Unterklasse der Beuteltiere gehörte. Er war ein Räuber von der Größe eines Leoparden, der ein Gewicht von 150 kg erreichen konnte.

SELTSAME ZÄHNE

Die Zähne von *Thylacoleo* hatten Ähnlichkeit mit denen von Pflanzenfressern, aber die rasiermesserscharfen Backenzähne eigneten sich auch dafür, Fleisch zu zerreißen. Ähnlich ist das Gebiss heutiger Katzen gestaltet, die ebenfalls an eine fleischliche Ernährung angepasst sind.

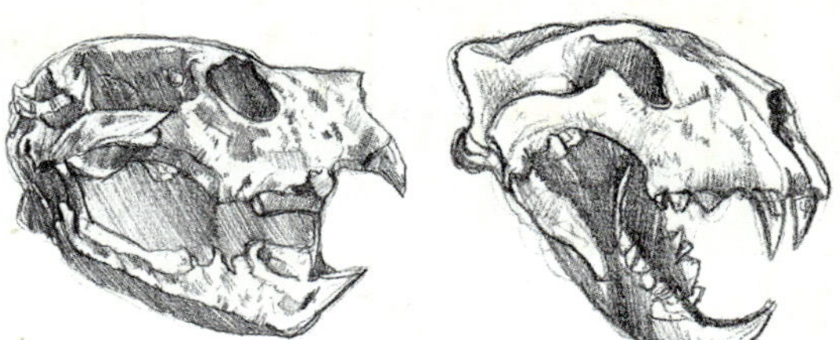

Thylacoleo (Beuteltier)

Heutige Katze

MEGALANIA
Die riesige *Megalania* war ein Verwandter von heute lebenden Waranen wie etwa dem Komodowaran. Sie konnte eine Länge von 7 m und ein Gewicht von 500 kg erreichen.

GEFIEDERTER GIGANT

Genyornis war ein flugunfähiger Vogel mit einer Körpergröße von 2,5 m. Er ernährte sich von Pflanzen, was in seinem Magen gefundene Gastrolithen bestätigten, die zum Zerkleinern von harten Blättern dienten.

PROCOPTODON
Procoptodon war das größte Känguru, das jemals auf der Erde existierte. Es hatte ein unauffälliges Gesicht und lange, mit Klauen bewehrte Arme.

DIPROTODON
Mit einem Gewicht von bis zu 2,8 t gehörte *Diprotodon* zu den größten Beuteltieren (Marsupialia), die jemals die Erde bevölkerten. Es erreichte die Größe eines Nashorns.

Smilodon

***Smilodon* zeichnete sich durch riesige, kegelförmige Eckzähne aus, die für seinen wissenschaftlichen Namen Pate standen: „Meißelzahn“. Der Körper der Säbelzahnkatze war hervorragend geeignet, um große Beutetiere zu jagen.**

Smilodon lebte im Pleistozän. Es wurden drei verschiedene Arten gefunden, die in Nord- und Südamerika vorkamen.

Smilodon war etwa so groß wie ein afrikanischer Löwe, allerdings hatte er einen kräftigeren und gedrungeneren Körper, während der Schwanz nur wenige Zentimeter maß und etwa so lang wie der eines Luchses war. Das Gebiss entsprach dem eines Fleischfressers. Hinter den breiten Wangenknochen setzten kräftige Kaumuskeln an. Die Eckzähne waren stark verlängert und abgeflacht, ihre Rückseite erschien gesägt. Jeder erreichte eine Länge von 15 cm!

Smilodon konnte seine Kiefer sehr weit öffnen, um mit den langen Zähnen Haut und Muskeln seiner Beute zu zerreißen. Auch Nacken- und Schultermuskulatur waren gut entwickelt, sodass er seine Opfer mit großer Wucht anfallen konnte. Dadurch war *Smilodon* in der Lage, sogar Tiere anzugreifen, die viel größer waren als er selbst.

Zu seinen Beutetieren zählten große Säuger wie Riesenfaultiere, Bisons, Pferde, Rotwild sowie die Jungtiere von Mammuts und Mastodons.

LÄNGE 2 m
GEWICHT 400 kg
ERNÄHRUNG Fleischfresser

GATTUNG: SMILODON
SYSTEMATIK: CARNIVORE, FELIDAE, MACHAIRODONTINAE

RIESIGE ECKZÄHNE
Anders als bei heutigen Katzen waren die riesigen Eckzähne von *Smilodon* gebogen und von ovalem Durchmesser.

TÖDLICHER BISS
Sobald *Smilodon* seine Beute mit den Vorderbeinen gepackt hatte, brachte er ihr mithilfe der Eckzähne einen kräftigen Biss bei und wartete anschließend, bis sie verblutet war.

VERBREITUNG
Smilodon populator lebte in Südamerika. Exemplare wurden in Brasilien, Argentinien, Venezuela, Ecuador, Bolivien, Chile und Uruguay gefunden. *Smilodon fatalis* kam hauptsächlich in Nordamerika vor, *Smilodon gracilis* im Südosten der USA.

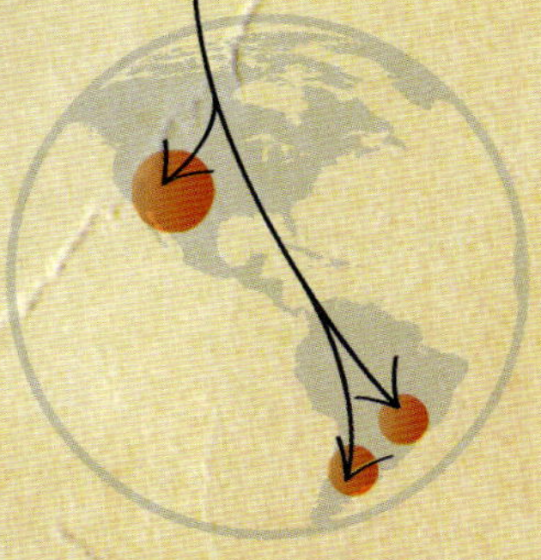

EXTREMITÄTEN
Smilodon hatte kräftige Vorderbeine mit großen Klauen, die einziehbar waren. Mit diesen schrecklichen Waffen konnte er seine Beute verletzen und bewegungsunfähig machen.

Smilodon

HERDENTIER
Man weiß nicht genau, ob *Smilodon* in Gruppen lebte oder ein Einzelgänger war. Es gibt Anzeichen dafür, dass manche kranke Exemplare von anderen Gruppenmitgliedern Hilfe erhielten.

BECKEN
Smilodon hatte ein breites Becken, an dem die außerordentlich kräftigen Beinmuskeln ansetzten.

TARNUNG
Die kurzen Hinterbeine und der kleine Schwanz sind ein Indiz dafür, dass *Smilodon* ein Greifjäger war, der sich an seine Beute anschlich. Aus diesem Grund war sein Fell wahrscheinlich gefleckt, um ihn zu tarnen.

SÄGEZÄHNE
Smilodon wies kleine spitze Schmelzhöcker (die harte Außenschicht eines Zahnes) auf, die seinen Zähnen ein sägeartiges Aussehen gaben.

Glossar

Aas Überreste toter Tiere, die meist von Aasfressern beseitigt werden.

Algen Organismen, die größtenteils im Wasser leben; ihre Formenvielfalt reicht von winzigen Einzellern bis zu gewaltigen Tangen.

Amnioten Tiere mit einer Wirbelsäule und Extremitäten. Ihre Embryonen entwickeln sich in einer mit Fruchtwasser gefüllten Amnionhöhle; dazu gehören Reptilien, Vögel und Säugetiere.

Amphibien Wirbeltiere, die sowohl an das Leben auf dem Land als auch im Wasser angepasst sind.

Anatomie Gestalt und Aufbau eines Lebewesens.

Ankylosauriden Gruppe von Sauriern, deren Schwanzende in eine Knochenkeule auslief; lebten von der frühen Jura- bis in die Kreidezeit.

Araukarie Immergrüner Nadelbaum; hat als „lebendes Fossil" bis in die Jetztzeit überlebt.

Bakterien Winzige, einzellige Organismen, die fast jeden Lebensraum auf der Erde eingenommen haben.

Beuteltiere Z. B. Kängurus und Koalas; die Entwicklung der Jungtiere vollzieht sich im Beutel der Mutter.

Biped Zweifüßig; beschreibt Tiere, die auf zwei Beinen laufen.

Carnivoren Organismen, deren wichtigste Nahrungsquelle aus tierischem Fleisch besteht (Fleischfresser).

Ceratopsiden Gruppe pflanzenfressender Dinosaurier, die mit zahlreichen Arten, wie beispielsweise *Triceratops*, während der Kreidezeit verbreitet war.

Cynodontiden Säugetierähnliche Reptilien, die erstmals im späten Perm erschienen sind.

Eckzähne Auf beiden Seiten von Ober- und Unterkiefer zwischen Schneidezähnen und Vormahlzähnen gelegen, mitunter kräftig ausgebildet (Fangzähne).

Eiszeit Auch Eiszeitalter, Kaltzeit; Periode in der Erdgeschichte, in der die globalen Durchschnittstemperaturen absanken und große Teile der Erdoberfläche mit Eis überzogen waren. Es gab mehrere Eiszeiten in der Erdgeschichte, manche davon dauerten einige Millionen Jahre. Die letzte größere Eiszeit endete vor etwa 11 700 Jahren.

Embryo Entwicklungsstadium eines Organismus, in dem er sich noch im Ei oder in der Gebärmutter befindet.

Evolution Entwicklung der Organismen; Prozess einer allmählichen Anpassung durch Veränderung von vererbbaren Merkmalen über nachfolgende Generationen.

Exkremente Ausscheidungen eines Tieres in mehr oder weniger fester Form.

Fossil Überreste eines Organismus, die aus prähistorischen Zeiten überdauert haben. Feste Bestandteile, wie etwa Schalen, Zähne oder Knochen, werden über viele Millionen Jahre in eine steinähnliche Substanz verwandelt – diesen Prozess bezeichnet man als Fossilisation. Fossilien können auch Spuren sein, die ein Organismus hinterlassen hat, wie z. B. Fußabdrücke, Exkremente (Koprolithen) oder Muster (Eindrücke), aufgrund der Beschaffenheit der Haut.

Gastrolith Steinchen oder andere harte Objekte im Verdauungssystem von Tieren; sie werden bewusst geschluckt, um bei der Zerkleinerung von Nahrung zu helfen.

Ginkgo biloba Baumart, einziger Vertreter einer ausgestorbenen Gruppe, die über 270 Millionen Jahre alt ist; wird als „lebendes Fossil" bezeichnet.

Gliederfüßer Wirbellose Tiere mit einem festen, durch Gelenke verbundenen Exoskelett. Dazu gehören Krebse, Spinnen, Tausendfüßer, Insekten und die ausgestorbenen Trilobiten.

Hadrosauriden Dinosaurier mit entenförmigem Schnabel, die zur Gruppe der Ornithischia (Vogelbeckendinosaurier) gehören.

Herbivoren Organismen, die ihre Nährstoffe aus Pflanzen gewinnen (Pflanzenfresser).

Ichthyosaurier Eine Gruppe von ausgestorbenen Reptilien, die sehr gut an das Leben im Wasser angepasst waren. Im Mesozoikum mit zahlreichen Arten vertreten.

Iguanodontiden Pflanzenfressende Dinosaurier, zu denen auch die Hadrosaurier gehören; während der Kreidezeit mit vielen Arten auf allen Kontinenten verbreitet.

Kaltblüter Tiere, deren Körpertemperatur stark von der Umgebungstemperatur abhängig ist, beispielsweise Frösche und Kröten.

Kaumagen Mit Muskeln ausgestatteter Teil des Magens von Vögeln und anderen Tieren, in dem die Nahrung zerkleinert wird.

Koniferen Bäume mit nadelförmigen Blättern und Samen, die in Zapfen zusammenstehen. Die meisten Koniferen sind immergrün (das heißt, sie werfen ihre Blätter nicht ab).

Kopffüßer (Cephalopoda) Eine Gruppe innerhalb der Mollusken (Weichtiere); kommen nur im Meer vor; besitzen mehrere Arme oder Tentakel. Dazu gehören Kalmare, Sepien und Oktopusse.

Koprolith Fossile Exkremente (Kot).

Lambeosauriden Gruppe der Hadrosaurier, zu denen die Gattung *Lambeosaurus* gehört; ihr besonderes Kennzeichen war ein hohler Knochenkamm auf dem Schädel, der aus Nasenbein und Zwischenkieferbein gebildet wurde.

Ligament Faserartiges Bindegewebsband, verbindet bewegliche Teile des Knochenskeletts im tierischen oder auch menschlichen Körper.

Lungenfische Gruppe der Knochenfische; die Tiere besitzen neben ihren Kiemen noch eine Lunge, mit denen sie an Land Sauerstoff aufnehmen können.

Maniraptoren Eine Gruppe von Dinosauriern, zu denen Therizinosaurier und Oviraptoren, aber auch die Vögel gehören.

Megafauna Tiere in einem bestimmten Lebensraum, die zu den körperlich größten zählen (absteigend folgen Makro- und Mikrofauna). Am Ende des Pleistozäns verschwanden viele Megafaunen.

Membran Dünne Gewebeschicht; besteht aus Lipiden sowie Proteinen und ermöglicht den Stoffaustausch zwischen Zellinnerem und -äußerem sowie innerhalb der Zelle.

Meteorit Ein natürlicher Festkörper aus dem Kosmos, z. B. ein Gesteinsbrocken, der auf der Erdoberfläche aufschlägt.

Mollusken Weichtiere; eine große Gruppe wirbelloser Tiere, zu der u. a. Muscheln, Schnecken sowie acht- und zehnarmige Kopffüßer (Oktopus, Sepia, Kalmar) gehören.

Nährstoffe Lebenswichtige Substanzen, die mit der Nahrung aufgenommen und für Stoffwechsel und Wachstum des Organismus benötigt werden.

Neuraldorn Teil des Wirbels; ist bei manchen Dinosauriern, die auf dem Rücken ein Segel oder einen Fetthöcker tragen, zu einem langen Dorn ausgezogen.

Omnivoren Organismen, die ihre Nährstoffe aus dem Verzehr von Pflanzen und Fleisch beziehen (Allesfresser).

Ornithischia Vogelbeckendinosaurier, eine der beiden Ordnungen der Dinosaurier (die andere sind die Saurischia); entwickelten im Laufe der Evolution Beckenknochen, die denen der Vögel ähnelten. Allerdings zählen die Vögel selbst zur Ordnung Saurischia.

Oviraptorosauriden Kleine Saurier aus der Gruppe der Theropoden; gefunden in der Mongolei. Zu ihnen gehören *Oviraptor* und *Caudipteryx*.

Paläontologe Wissenschaftler, der das Leben in prähistorischer Zeit erforscht, z. B. anhand fossiler Überreste.

Palmfarn Samenpflanze, die typischerweise einen hölzernen Stamm und eine Krone aus derben, immergrünen Blättern besitzt.

Placodermata Panzerfische; Wirbeltiere mit Kiefer und Knochenplatten, die Kopf und Rumpf schützten.

Plesiosauriden Eine Gruppe ausgestorbener Reptilien, die speziell an das Leben im Wasser angepasst waren.

Pliosauriden Familie der Plesiosaurier, gekennzeichnet durch einen kurzen Hals, wie z. B. *Liopleurodon*.

Prädator Tier, das sich von anderen lebenden Organismen oder Teilen davon ernährt.

Pterosauriden Fliegende Reptilien aus dem Mesozoikum; zwischen Vorderextremitäten und Körper ist eine Flughaut gespannt, die bei vielen Arten aktives Fliegen ermöglichte. Sie besaßen eine schnabelähnliche Schnauze, spitze Zähne und einen langen Schwanz, der mitunter in ein rautenförmiges Hautsegel auslief.

Quadruped Vierfüßig; beschreibt Tiere, die auf vier Beinen laufen.

Reptilien Kriechtiere; Gruppe der Wirbeltiere, die ein Amnion ausbilden; der Körper ist mit Hornschuppen bedeckt. Es gibt viele ausgestorbene Gruppen, darunter Dinosaurier und Flugsaurier.

Rhynchocephaliden Schnabelköpfe; auch als Sphenodontiden bezeichnet; Reptilien, die heutigen Eidechsen sehr ähnlich waren.

Rückenmark Teil des zentralen Nervensystems bei Wirbeltieren; verläuft im Wirbelkanal.

Säugetiere Warmblütige Wirbeltiere; die Muttertiere füttern ihre Jungen mit Milch aus den Brustdrüsen.

Saurischia Echsenbeckendinosaurier, eine der beiden Ordnungen der Dinosaurier (die andere sind die Ornithischia); entwickelten im Laufe der Evolution Beckenknochen, die denen von Eidechsen ähnelten. Aus diesen Sauriern gingen die Vögel hervor.

Sehne Teil des Muskels aus festem Bindegewebe, verbindet Muskeln und Knochen.

Spezies Art; Grundeinheit der biologischen Systematik; bezeichnet eine Gruppe von Organismen mit gleichen Merkmalen, die sich unter natürlichen Bedingungen miteinander kreuzen und fortpflanzungsfähige Nachkommen zeugen.

Stammbaum Diagramm, das die Verwandtschaftsbeziehungen zwischen Arten und höheren systematischen Gruppen (Taxa) zeigt.

Stegosauriden Eine Gruppe großer gepanzerter pflanzenfressender Dinosaurier, zu denen u. a. *Stegosaurus* gehört.

Therapsiden Säugetierähnliche Reptilien; dazu gehören auch Vorläufer der Säugetiere.

Therizinosauriden Eine Gruppe pflanzenfressender Theropoden mit langen Krallen an den Fingern.

Theropoden Eine Gruppe überwiegend fleischfressender Dinosaurier, zu denen u. a. *Tyrannosaurus rex* gehört.

Thorax Brustkorb, umschließt die Brusthöhle.

Titanosauriden Eine Gruppe extrem großer Sauropoden, zu denen die größten und schwersten Landtiere aller Zeiten gehören, wie etwa *Argentinosaurus*.

Verknöcherung Ausbildung von Knochengewebe.

Warmblüter Tiere, deren Körpertemperatur weitgehend konstant bleibt und vom Organismus gesteuert wird.

Wirbel Knochen, die das Rückgrat bzw. die Wirbelsäule bilden.

Wirbellose Tiere, die keine Wirbelsäule haben.

Register